マッチ売りの少女に魔法のランプを

エネルギーマーケティングの新発想

エネルギーフォーラム
編集部［編］

エネルギーフォーラム

はじめに

アンデルセン童話に登場する「マッチ売りの少女」。冷たく吹雪く大晦日の街頭で、主人公の少女がマッチを1本も売ることができずに凍死してしまった悲劇を知らない人はいないだろう。読めば読むほど、可哀そうで涙が出てくるが、ふと冷静になって考えてみた。なぜ、少女は死んでしまったのか、と。それは言うまでもなく、マッチが全然売れなかったからなのだが、では、なぜマッチは売れなかったのか。道行く人々に、とにかくマッチを買ってもらう手段はなかったのだろうか——。

確か、少女は死の直前、自らすったマッチの炎の中に、暖かいストーブや美味しそうな料理、愛する亡き祖母の姿を見ていたはず。もしも、少女が見た美しいイメージを、他の人にも見せたり伝えることができていれば…。モノとしての単なるマッチではなく、その先にある夢、いわば「特別な価値」をマッチに加えることができ、それを数多くの人々に伝える手法を見出せていれば…。もしかすると、少女の前にはマッチを買い求める行列ができ、物語の結末は大きく変わっていたかもしれない。

思いっきり話は変わるが、その昔、我が国では「電話」に特別な関心を払う人など、ほとんどいなかった時代があった。市場は民営化以前の日本電信電話公社が独占し、通話手段はアナログ・ダイヤル回線の「黒電話」、料金体系も特になく「市内通話3分10円」が当たり前だった。しかし、いまはどうだ。

ＫＤＤＩにＹＡＨＯＯ！、携帯電話に光電話、○×割引に定額料金——。気がつけば、利用者にとって、うんざりするほど多様な選択肢が登場している。いまや自らのスタイルに合わせ、「電話」を選ぶのは至極当然の時代になった。

さて、戦後長らく地域独占時代が続いた電力・ガス業界も、規制緩和や製品開発の進展を背景に、ようやく通信業界に見られるような選択の時代を迎え始めた。ＩＨ調理器やエコキュートに代表されるオール電化、エコウィルや燃料電池といったマイホーム発電、多彩な料金メニューなど、選択肢は確実に増加。地球温暖化問題、省エネ・エコロジーの機運も重なり、エネルギー利用に対する消費者の関心はかつてないほど高まっている。消費者の目が肥え、競争が激化した時、それについていけない企業は淘汰されるのが、ビジネス界の常だ。

ではどうすれば、電力・ガス各社は、利用者から選ばれる事業者となり、競合他社を打ち負かすことができるのか。困ったことに、目に見えないエネルギーである電気やガスは、他の一般商品と違って差別化ができない。どこの電力会社から買っても電気は電気だし、どこのガス会社から買ってもガスはガスだ。そうした中で、競合が激化すると、いったいどうなるか。ガソリン業界の例を挙げるまでもなく、ともすれば価格の叩き合いになり、体力の消耗戦に陥るだけだろう。

大切なのは、値下げ合戦を避けつつ、いかに自社の収益を増やすことができるか、である。そんな着想から、本書の企画が誕生した。広告ＰＲ、マーケティング、消費者行動、店舗経営、エネルギー営業それぞれの分野で活躍するプロの女性陣が〝オトコ社会〟の視点ではなかなか気づかない、目からウロコの販売戦略を披露する。

千夜一夜物語で、一つだけ願いを叶えるという「魔法のランプ」を手に入れたアラジン。まじめなマッチ売りの少女とは対照的に、女好きでぐうたらのどうしようもない若者なのだが、洞窟に閉じ込められるという難局を、大胆な発想の転換で乗り切り、生涯を楽しく暮らしてしまった。「できることなら、マッチ売りの少女にこそ、魔法のランプを贈りたい」。そんな願いも込めて、本書のタイトルが出来上がった。マッチも、ランプも、言ってみればエネルギー利用の原点。ということで早速、七者七様の素敵なアイデアをのぞいてみることにしよう。

エネルギーフォーラム編集部

第2章　エネルギーの特別な価値って何？
――LOHAS時代の生活提案（東京ガス都市生活研究所／早川美穂）　45

装幀／安彦勝博
装画／味戸ケイコ

第1章　ありふれたモノが「特別」に変わる瞬間
——なんちゃってマーケターに学ぶ経験経済

広告会社　小髙尚子

ありふれた商品をどう差別化し、利用者にとって「特別な価値」を持つモノにしていくか。その方法論が、本章で提案するところの「経験価値マーケティング（経験経済）」だ。

値段が高くても売れる化粧品、発売後20分で完売した高額の家庭用動物型ロボット、ちょっとした心遣いが感動を呼ぶ手配旅行――。

利用者が商品を通じて本当に欲しがっているものを提供することが、価格だけでは測れないプライスレスの価値を生み出していく。

さて、あなたは「エネルギー」という商品の中に、あなた自身の「特別な価値」を発見することができるだろうか。

１・マーケティングというお仕事

目指せ、なんちゃってマーケター！

うっかり広告会社勤めなんかしていると、マーケティングの専門家だと思われる場面が意外と多くあるものです。実際、職場には本当にすばらしいマーケターが、わんさかいます。しかし、初めにはっきりさせておきましょう。私は、門外漢です。

正真正銘、百戦錬磨のマーケターである我が上司殿からは、よく「オダカちゃんは〝なんちゃってマーケター〟だからなァ」と、からかわれる始末。事実なので反論のしようもありませんが、自分としては「それでもいいいかな」と思っています。

そもそも、マーケティングとは何ぞや、という定義は百家争鳴。いろんな方がいろんなことを言われていますが、要は最終的に〝売り〟につながるあらゆる活動がマーケティングである、と言い切ってしまってもいいと私は考えています。

ですから、本来企業の中にあっては、どんな業種であろうと、扱っている商品が何であろうと、その人の所属部署や職種が何であろうと、ビジネスに関わる誰もが、マーケティングの視点を持つ必要があります（最近だとＮＰＯ、地方自治体や国であっても必要と言われていますが）。

マーケティングの理論やアプローチにひとつの絶対的な正解はありません。扱っている商品そのもの

図1　2つのマーケティング・アプローチの特徴

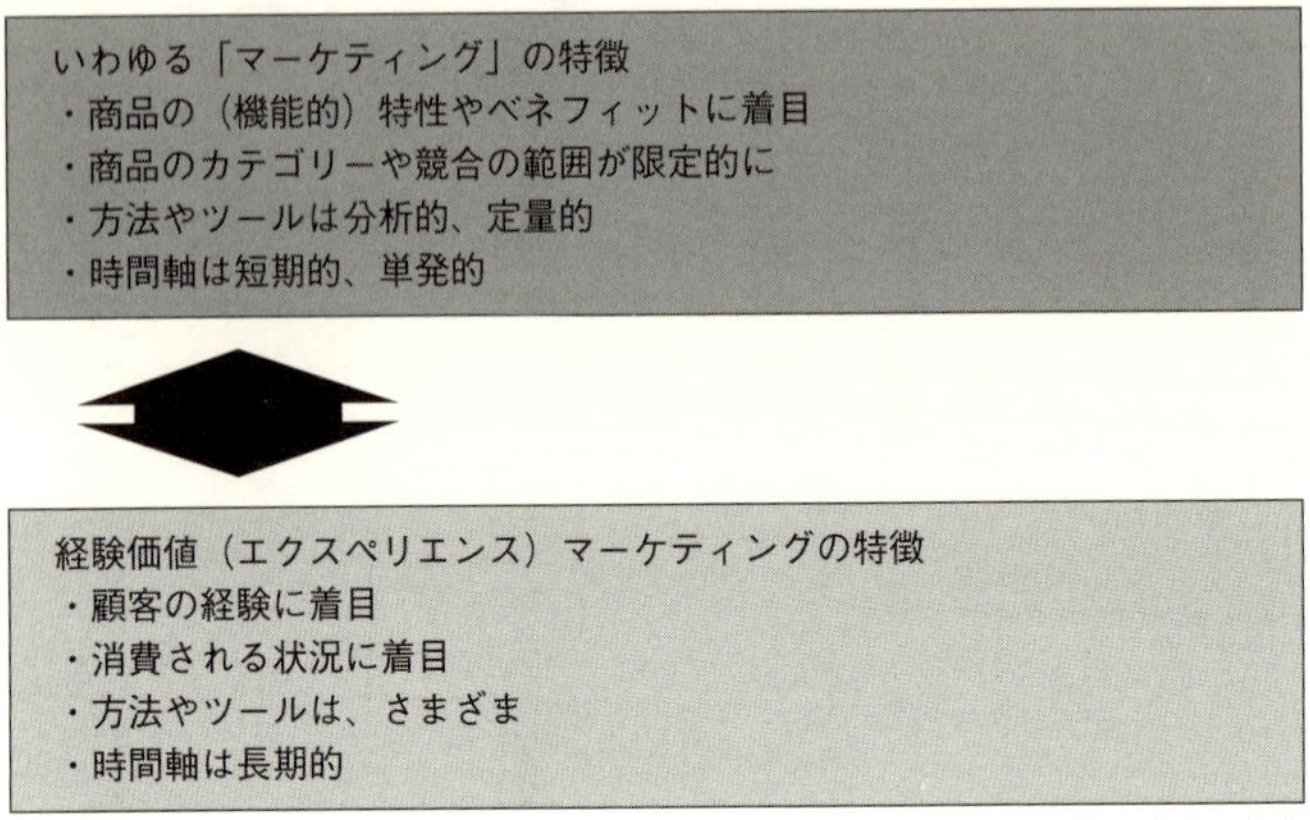
いわゆる「マーケティング」の特徴
・商品の（機能的）特性やベネフィットに着目
・商品のカテゴリーや競合の範囲が限定的に
・方法やツールは分析的、定量的
・時間軸は短期的、単発的
経験価値（エクスペリエンス）マーケティングの特徴
・顧客の経験に着目
・消費される状況に着目
・方法やツールは、さまざま
・時間軸は長期的

「経験価値マーケティング」（バーンド・シュミット著、ダイヤモンド社刊）を参考に作成

の特性や流通網の問題、そのときどきの時流などなど、多くの要素が複雑に絡み合うので、これさえやっておけば売れるという特効薬は残念ながらありません。

ただ、どんなアプローチにも、いかに競合商品との差別化を図るかという問題意識は共通しています。お客さまに「これは他の似たような商品と違う」、「これは特別に価値がある」と思っていただくこと。これこそがマーケティングの究極の目的なのです。

いろいろある中で、一見ありふれたものからでも特別な価値をつくり出せるという主張を全面的に打ち出している「経験価値マーケティング」というアプローチがあります。これまであまりマーケティングなんて考えたことがない方にもわかりやすい、と私自身の実感も込めて思うので、ちょっとご紹介してみます。

差別化と聞くと、ついつい商品の特性やベネフィット（便益）にばかり目がいってしまいがちです。実際、昔ながらのいわゆる「マーケティング」では、そういった点に着目して差別化を図っていきます。

それに対して、「経験価値マーケティング」は、何よりお客さまの経験を重視します（図1参照）。この場合の経験は、決してよく使うような「過去の経験」というような意味ではないので、注意してくださいね。

では、過去の経験でなければ、どういう意味で経験と言っているのでしょうか。

バースデーケーキを主力商品にしている洋菓子店があるとしましょう。この会社のライバルってどんな会社だと思いますか？　多分、ほとんどの方がケーキを売っている他の洋菓子店を思い浮かべているはずです。

確かにお客さまはケーキを買っているわけですから、それは決して間違った答えではありません。でも、経験価値マーケティングの視点から考えると、また別のライバルが浮かんできます。

まず、お客さまが買っているのは単にケーキというモノではなくて、ケーキを買うことを通して誕生日を祝うという経験を買っていると考えます。もっと言えば、友人や家族、自分の大切な人たちと過ごす経験を買っていると考えることもできるかもしれません。

そうすると、例えば子どもの誕生会のためにケーキを買うお客さまのことを考えたら、その洋菓子店のライバルは、子どもたちの誕生会を楽しく演出してくれるファーストフード店やファミレスだ、という話になります。

視点をほんの少し変えるだけで、競合相手や競合となる状況の捉え方がこんなにも変わる。問題の設定の仕方を変えることでユニークなソリューションにたどり着ける。これがマーケティングの醍醐味です。

これまでマーケティングにはあまり関心がなかったという方や、自分にはあまり縁がないと思ってきた方でも、これを読んでくださった方全員が、最後には立派な（？）〝なんちゃってマーケター〟になれるよう、私もしっかりお伝えしていきたいと思いますので、しばらくお付き合いください！

価格より価値が大事デス

どこにでもある、フツーのものではない特別をつくることで差別化を図り、特別に価値がある商品だとお客さまに思っていただくことがマーケティングの究極の目的だと言いました。

差別化ができないと、その商品は結局「ありふれ化」します。ありふれ化すると、どこにでもあるフツーの商品だと見られてしまいます。そうなってしまったら、価格を下げることでしかお客さまを惹きつけられなくなり、壮絶な価格競争が始まる、というのが定説となっている教科書的な説明です。

ところが、全般的に消費意欲が落ち込んでいる今日の日本では、教科書どおりに少し価格を下げてみたところで、消費者は容易に反応してくれません。これまでの手法が通用しない、「ぎゃふん」としか言いようのない状態ですね。

その一方で、何万円もするような高級化粧品が意外に売れているという事実もあります。美容クリームにいたっては、グラム当たりの単価が金よりも高い商品が驚くほど売れるのです。

なぜこういう両極端な事態が生じるのでしょうか。そして、価格を下げても売れない商品ではなく、価格が高くても売れる商品はどうやったら生み出せるのでしょうか。

こうした疑問に答えるには、先入観を思いきって捨てて、自分たちの売りものは本当は何なのか、そしてお客さまが買いたいと思っているものは本当は何なのか、といったことから、改めて考えてみるしかありません。

仕事用とプライベート用、用途に合わせて携帯電話端末を2台買った人がいます。物理的には、同じモノ（商品）を2つ手に入れています。でも、それぞれの端末ではお客さまが買っているもの（経験）が、実は違う可能性があります。

仕事用の端末は、外出先でも自宅でもどこでも迅速に仕事ができる利便性、迅速性などを買っていると考えられます（社外でサボる時間を買っている人もいるかもしれませんが……）。

それに対してプライベート用の端末は、家族に安心を与えたり、友人との関係を密に保ったりするために使われるので、人とのつながりを買っていると言えます。

経験価値マーケティング的に言うと、それぞれの端末の本当の売りもの、つまり、お客さまが対価を支払っているもの（経験）は「利便性・迅速性」と「人とのつながり」である、となるわけです。

現実には1台の端末で2つの用途を兼用している方が多いとは思いますが、単純に製品カテゴリーというか、目に見えるモノだけに注目するのではなく、モノを通してお客さまが買っているもの（経験）を考えるきっかけにしてみてください。

１９９９年、ソニーが史上初となる家庭用動物型ロボット「ＡＩＢＯ」を売り出しました。史上初の商品ですから、発売時に家庭用ロボットの市場など存在するわけもなく、社内的に売れ行きを危ぶむ声も多かったそうです。しかもお値段が25万円前後と、決して手ごろな商品ではありませんでした。ところが、ふたを開けてみてびっくり。発売開始からわずか20分で、初期ロットの３０００体が完売してしまいました。

当時、このＡＩＢＯの人気振りを「ご祝儀消費」と呼んだ人がいました。子犬のようなデザインのロボットは、それはそれでかわいらしかったのですが、ＡＩＢＯを買った人たちはロボットという商品そのもの以上に、夢いっぱいの商品を創ったソニーの先進性や心意気に（ご祝儀のような気持ちで）お金を払った、というのです。

売る側は商品の価格を決められますが、商品の価値を決められるのは、買う側のお客さまだけです。その商品を通して得られる経験には、価格に見合った価値があるのか。一見法外と思われるような価格でも惜しくない、そう思えるだけの価値をその商品に感じることができれば、お客さまはその商品を買います。

だからこそ、売る側はお客さまが本当のところ何にお金を払っているのか、何に対価を支払う価値を見出しているのか、しっかり見極める必要があります。

商品の価格ではなく価値を考えることで、ありふれ化の罠も避けられるはずですし、価格を下げても何をやっても売れない「ぎゃふん」な状態も避けられるはずです。

さて、あなたの会社が扱っている商品は何が売りものですか？

2・経験価値をつくる5つのステージ

テーマを決めてなりきろう

毎日毎日、同じような電話の応対をしているとどうしても飽きてしまうので、私は「パワーエリート風」、「甘えんぼ新入社員風」、「デキル秘書風」など、自分でテーマを決めて、それっぽい感じになりきって電話に出ることがあります。

こんな風にテーマを気まぐれにクルクル変えるのは、いろんな意味でオススメできませんが、まじめな話、商品の経験価値をつくり出すためには、経験のテーマを明確にする必要があります。

経験のテーマというと耳慣れないかもしれませんが、企業理念とかブランドの基本コンセプトと呼ばれているものとほぼ同義とお考えください。自分たちの本当の売りもの（＝お客さまに提供している経験）の本質を極めて簡潔に表している言葉が、経験のテーマになります。

楽天市場の「Shopping is Entertainment!」や、ディズニーランドの「夢と魔法の王国」、巣鴨信金の「喜ばれることに喜びを」など、経験のテーマがお客さま向けのコミュニケーションに使われるスローガンになっている場合も多くあります。

テーマをどう設定するかは往々にして難航するので、それが決まると全部終わったような気になりがちですが、実際はここからが本番です。

経験のテーマを「シンプルな携帯電話」にしたとしましょう。そうしたら、商品の操作性やデザインはもちろん、広告・販促活動、使用マニュアル、ウェブサイト、コールセンターなど、お客さまとの接点すべてがシンプルだと感じていただけるようになっていなければ、経験の価値は高まりません。

ここでの最大のポイントはお客さまに〝感じていただく〟ことです。いくらスローガン的にテーマを連呼してみても、テーマとお客さまが感じていることにズレがあれば効果は期待できないどころか、むしろ逆効果になってしまいかねません。

顧客第一主義と謳っている航空会社は数多くありますが、個人的な話をすると、自分で搭乗してみて「本当に顧客を大切にしているなぁ」と実感できるところはほとんどありません。たいていは、「顧客第一って言っているのに、なんでこんな酷い目に遭わされるの？」とやりきれない思いをして終わりです。だから、彼らが顧客第一主義と言っているのを聞くと、かえってネガティブな気持ちになったりするのです。

お客さまにテーマを感じていただくためには、先ほど挙げた商品のデザインとかアフターサービスなどの接点をテーマに沿って演出する必要があります。

さて、ここで数年前に私が翻訳を手がけた『バナナがバナナじゃなくなるとき』（２００４年、ダイヤモンド社刊）という本に紹介されている、経験価値の演出を考えるうえで参考になりそうな「エクスペリエンス・プロセス」というアプローチを取り上げてみたいと思います。

図２　エクスペリエンス・プロセス

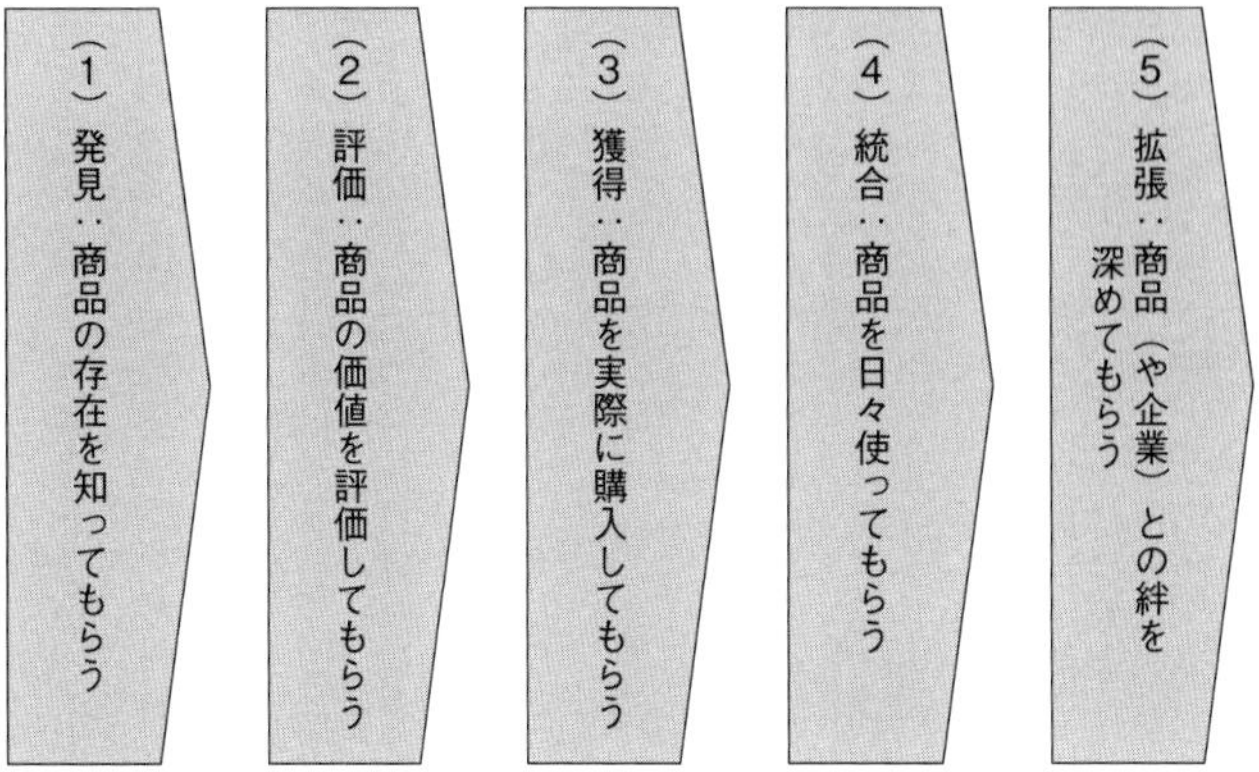
（1）発見：商品の存在を知ってもらう
（2）評価：商品の価値を評価してもらう
（3）獲得：商品を実際に購入してもらう
（4）統合：商品を日々使ってもらう
（5）拡張：商品（や企業）との絆を深めてもらう

「バナナがバナナじゃなくなるとき」（ダイヤモンド社刊）を参考に作成

エクスペリエンス・プロセスでは、お客さまと商品のインタラクションを５つのステージに分けて検討していきます（図２参照）。

まず、お客さまに商品の存在を「発見」していただくステージ。次に、他のライバル商品と比較したうえで自社の商品の価値を認めていただく「評価」のステージ。そして、お客さまが商品を購入する「獲得」のステージに至ります。

冒頭に「最終的に〝売り〟につながるあらゆる活動」がマーケティングだ、と申しました。この言葉を額面どおりに受け取れば、獲得のステージまでどう到達するのかだけ考えれば良いことになります。でも、継続的な〝売り〟につなげるために、このアプローチではさらに２つのステージを用意しています。

購入していただいた後は、お客さまの毎日の生活に商品を溶け込ませる統合のステージがあります。このステージの考え方は、ちょっとイメージしづらいかもしれません。

このステージでは、お客さまがどのように商品を持ち運ぶか、使うか、あるいは捨てるかといった購入後にお客さまがすること、しなければならないことに着目します。

最近はゴミの細かな分別収集を行なう自治体が増えています。その影響で、飲み物を買った後、ペットボトルをどれだけ手間をかけずに捨てられるつくりにするか、という観点での工夫が進んでいます。これは統合の具体的な一例です。

エクスペリエンス・プロセスの最後には、お客さまと商品、ひいてはお客さまと企業との絆を深める拡張というステージが待っています。これは商品の良し悪しや価格を云々するにとどまらず、もっとお客さまの心の深く響くような関係を築こうとするステージです。

A社の商品とB社の商品を比べて、商品そのものの機能や形状といった特徴と直接関係はなくてもお客さまが環境問題への取り組みを評価してA社の商品を選ぶ場合などは、「拡張」のステージのお話です。

ぜひステージごとに、お客さまに向けて経験のテーマを最大限に伝えるために何ができるのかを検討してみてください。

テーマに沿った形で、商品の存在を発見してもらうためにどんなアピールの仕方があるのか、評価に結びつけるためにどんなことができるのか、実際にお客さまにとって商品を買いやすくするにはどうすればいいのか、日々使いやすくするには何ができるのか、どうやればお客さまの琴線に触れられるのか。

考えるべきことは山ほどあります。

図３　エクスペリエンス・イベント・マトリックス

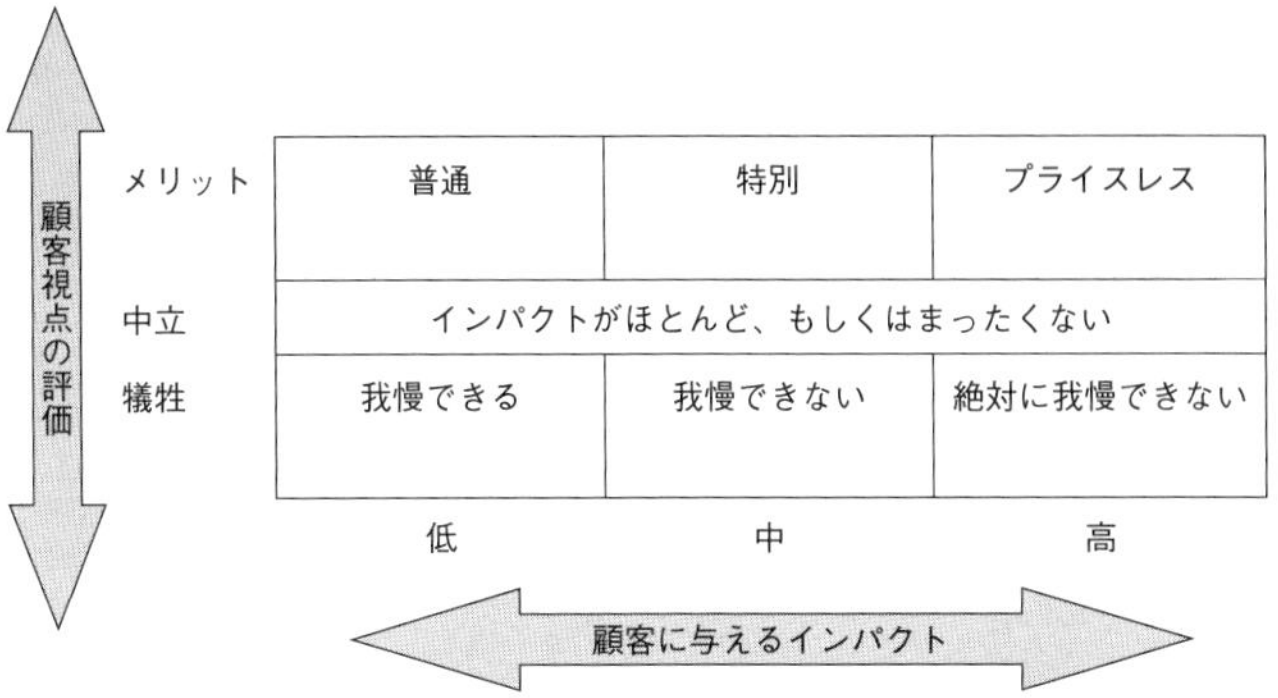

「バナナがバナナじゃなくなるとき」（ダイヤモンド社刊）を参考に作成

大事なのは、経験価値をつくり出すためにテーマを深く追求し、なりきること！　恥ずかしがらないで、とことん、なりきりましょう。そこまでやって初めて、経験価値をお客さまに感じていただけるようになるのですから。

お熱いのがお好き…なんですけど

エクスペリエンス・プロセスについて一通りご理解いただいたところで、次にステージごとに経験のテーマに沿ってお客さまとの接点の中で工夫できそうな事柄をなるたけ多く挙げてみましょう。そのうえでそうしたものが、お客さまに与えるインパクトを見極めます。

せっかく恥ずかしさを堪えてなりきったのに、こちらの狙った効果が現れなかったら、それは相当に空しいことになってしまいます。ですから、そのあたりの見極めは、真剣かつ慎重にしましょう。

この見極めをするときの目安になる「エクスペリエンス・イベント・マトリックス」という簡単な分類法があります（図

3参照)。

お客さまが遭遇する一つひとつのイベント（出来事）を「メリット」、「犠牲」、「中立」の3つに分類します。メリットはお客さまにとってプラスになるもの。犠牲はお客さまに負担を強いるもの。中立はお客さまにとって毒にも薬にもならないどうでも良いもの、といった具合に振り分けます。

良かれと思ったことがかえって仇になるケースがあれば、逆に、どこが良いのかわからないものがウケるというケースもあります。売る側と買う側の感覚がまったく違っているということはよくありますので、相当注意して分類しなくてはいけません。

たった3つのカテゴリーですし、いまさら敢えて描くまでもなさそうな単純な図ですが、決して侮ってはいけません。分類をする人にはお客さまの心の動きを洞察する眼力を持った〝目利き〟であることが求められます。こう見えて、実践的にはかなり奥が深いんですよ。

次のステップとして、この図にあるメリットや犠牲が、お客さまに与えるインパクトを低・中・高という3段階で評価します。

お客さまが想定できるようなイベントでは、せいぜい中程度のインパクトしか期待できません。それはそれで悪くはないのですが、お客さまに「おお、これは特別な価値があるな」と思っていただくには不十分です。

私たちマーケターが目指すべきは、普通のモノを特別に変える力のある高インパクトなメリットです。それはお客さまを良い意味でびっくりさせるような仕掛、工夫によって生み出されます。

でも、これはあくまでもメリットのほうのお話。想定の範囲を超えるほどお寒いイベント（＝高インパクトの犠牲ですね）は、どんなことをしても避けなければなりません。

3・お客さまのエクスペリエンス（経験価値）の質を見極める

顧客満足度調査の罠

お客さまの経験の質を見極めるツールとして、よく顧客満足度調査が挙げられます。実際にこの種の調査を実施したり、あるいは回答者として調査に協力したりしたことがあるという方も、多いのではないでしょうか。

しかし、私はこの調査をあまり信用していません。顧客満足度調査の全部が悪いというのではありませんが、結局「企業満足度」を測っている調査が多い、という印象が強いのです。

顧客満足度調査で問われるのは、その企業に対してお客さまが抱いている期待（イメージ）と、実際にモノやサービスを購入して得た満足感の比較です。ですから、お客さまが抱いている期待が高ければ不満や厳しい結果が出る可能性が高くなり、逆にもともとの期待が低ければあっさり満足度が高いという結果が出る可能性があります。

問題なのは、お客さまが「ああ、このモノ（サービス）って、この程度だよな」と思って我慢（妥協）しているケースが結構あり得る、ということです。お客さまのこの我慢している部分というのは、顧客満足度調査にはなかなか表われません。

機能的にシンプルなパソコンが欲しくても、多機能な商品しか売られていなかったら、「しようがない」のでそのパソコンを買いますよね。でも、突きつめて考えてみると、決してそれが欲しくて買ったのではなく、不本意ながらそれを買うしかなかったわけです。

お客さま自身が、心ならずも受け入れざるを得なかったものと、本当に欲しかったものとの違いを理解すること。つまり、お客さまが何を我慢しているのかを理解できていなければ、本当の意味での顧客満足度は測れません。

さらに言えば、お客さま本人も自分の欲しいものがよくわかっていなかったり、はっきりイメージできていなかったり、うまく表現できなかったりする場合が多いので、いくら聞いても調べてもわからないときもあります。

表面に現れないお客さまのニーズや思いを、どれだけ汲み取れるか。ここでも、〝目利き〟が必要とされています。

はっきりとしたニーズだけでなく、お客さま自身もうまく言葉にできない、あるいは気づいていないような、もやもやとしたニーズも掴むことが、本当の意味での顧客満足度の向上につながる……。そんな結論になりそうですが、そうは問屋がおろしません。お客さまが抱いているニーズが常に〝正しい〟とは限らないからです。

数年前、アメリカで車のデザインをしていたデザイナーの方から、こんな話を聞きました。売上げが低迷していた某自動車会社が、まずお客さまのニーズを満たそうという決意の下、大規模なグループインタビューを実施したそうです。

その結果、お客さまが欲しいものはカップホルダーだとわかりました——しかも、半端じゃない数の。結局、お客さまのニーズにまともに応えたら、１台の車に10個以上のカップホルダーがつく換算になってしまいました。でも、そんな車が現実にあったとして、いったい誰が買うんでしょう。

この例はかなり極端だとしても、私自身にも、がっかりした経験があります。それはある秘湯と呼ばれる宿に行ったときのことです。

山あいの狭い道を通ってたどり着いた急峻な崖をはるかに下ったところに、その宿はありました。宿の周りの風景も、宿のたたずまいもいかにも秘湯にふさわしい雰囲気で大満足、と思いきや、そこで私はあるものを発見して腰が抜けるほどがっかりしました。

私が発見したもの。それは飲料の自販機でした。

たかが自販機に何をそんな大袈裟な、と思う方もいらっしゃるでしょう。ましておや、自分のお気に入りの飲料ブランドの自販機だったら、かえってあって良かったと思われる方もいらっしゃるかもしれません。

でも、自販機に象徴される利便性は、私の期待していた秘湯のイメージとは、まったく相反するものでした。私は、はるばる自販機のない世界を求めてそこまで行ったのですから。

圧倒的大半のお客さまが求めたから、お客さまだけでなく宿の従業員の負担も減って便利だから、という理由で自販機を設置してしまったのだとしたら、それはたいへんな間違いです。

お客さまの声に耳を傾けることは大切なことです。かといって、ただ唯々諾々とお客さまに言われるがままにしていると、顧客満足度は上がるかもしれませんが、経験の価値を高めるテーマがぼやけてしまい、結果として価値を貶める結果になってしまうように思います。

また買いたい、また行きたい、人に勧めたいと思わせるような特別な価値をつくり出すためには、時にはお客さまの意見に敢えて耳を傾けない。そんな勇気も必要です。

それに関してお客さまからお叱りをいただいたら、逆になぜ自分たちはそういう選択をしたか、理由を説明して自社独自の世界観や理念についてお客さまの理解を求めていけば良いのです。

大切なのは、目先の顧客満足度を上げることではありません。私たちがいちばん大切にすべきは、「自分たちが最終的にお客さまに提供する経験価値にこだわり続ける志」だと思うのですが、いかがでしょうか。

押し付け?共感??

気づいたらなんちゃってマーケターのくせに、うっかり〝志〟などと、大上段に構えた物言いをしてしまいました。

でも、お客さまにモノやサービスを提供する際、「大切なのは、最終的にお客さまに提供する価値にこだわり続ける志」であるというのは、なんちゃってな話ではありません。これはマジメな話です。そしてその際に問題になるのは、志の語り方なのではないか、と思います。

ひとつ例をご紹介します。

何年にもわたって、環境に優しい商品であれば消費者は通常より高い価格であっても購入する、ということが調査結果に示されてきました。しかし、そうした反応が目立って多数あったという割には、環境に優しいことを売りにしている商品の普及が思ったほど伸びていない、というのが現状です。これはいったい、なぜなのでしょうか。

調査への回答はあくまでも仮定の話です。だから、若干高くても買うという理想が数字として現れるけれど、実際に買い物をするときは価格の安いほうを手にとってしまう、という人が案外多いということかもしれません。

しかし、それだけが理由ではない気もします。これまでに市場に導入されたこの種の商品は、「環境に優しい」という錦の御旗の下に、どう見ても、一般の商品に比べると魅力も乏しく、お客さまに犠牲を強いるようなものが多いという印象があるからです。

同じようなことが、有機農法で生産された農産物にも言えます。ちょっと前だとまだ生産者数が少なくて到底安定供給などできないし、流通網が整っていなかったのでかなり鮮度が落ちた商品が堂々と店頭に出回るケースも多かったと記憶しています。

それでも、「何といっても、有機ものなんだから、それくらいの我慢は当然でしょう」というような、よく言えば気高い、悪く言えば教条主義的な匂いが有機農産物には感じられたものでした。

もちろん、環境のことを第一に考えたらお客さまも多少の犠牲は払わなければいけない、というのは当然の主張です。

しかし、その一方で、ただただ正義を振りかざすだけでは、世の中に広く受け入れてもらうのは難しいという現実もあります。誰かの主義主張、理念といったものを一方的に押し付けられて、すんなり受け入れられるような人なんて、そうはいませんので。

だからこそ、企業はお客さまに対して自らの志を一方的に押し付けるのではなく、共感を得ることを最終目標にすえて語っていかなければならないのです。

そう考えると、例え高い志を持って、本当に環境に優しい商品をつくっていたとしても、もしかしたらお客さまには敢えてそれをアピールしない、環境を売りものにしない、という判断もあるかもしれません。

志は志として大切ではあるけれど、正義とか大義名分に溺れて、独りよがりになってはいけません。志の低いヤツほどえらそうに語りたがる、と思われてお客さまにそっぽを向かれてしまうかもしれませんよ！

４・経験をあざやかにする４Ｅ領域の分類

イヤよイヤよも好きのうち

経験の話をしていたのに、いつの間にか「志」だなんて、大きな話になってしまいました。ここで再び、経験に話題を戻すことにしましょう。

ここで初めて「経験価値マーケティング」という言葉を耳にした方たちは別として、以前からご存知だった場合ですと、「経験」と聞いてラスベガスやディズニーランドといったエンターテインメント性の高いイベント、もしくは施設や場所を思い浮かべた方も多いかと思います。

ちょっと前に「テーマを決めて、なりきろう」と言いましたが、テーマ設定を考えるとき、お客さまに強いインパクトを与えたいという思い入れが先行してしまうことが多く、ついつい非日常的だったり、娯楽の要素が強かったりするテーマを選びがちです。

理想として頭に思い描くのは、だいたい「千一夜物語」とか、「宇宙ステーション」や「忍者屋敷」といったような、非日常的なテーマとか、楽天の「Shopping is Entertainment!」みたいなものなんですね。

でも、現実からかけ離れていて、ひたすらラクなだけの経験や、エンターテインメント性の高い経験だけが、お客さまからお金を払う価値があると認められるわけではありません。

図４　経験をあざやかにする4E領域

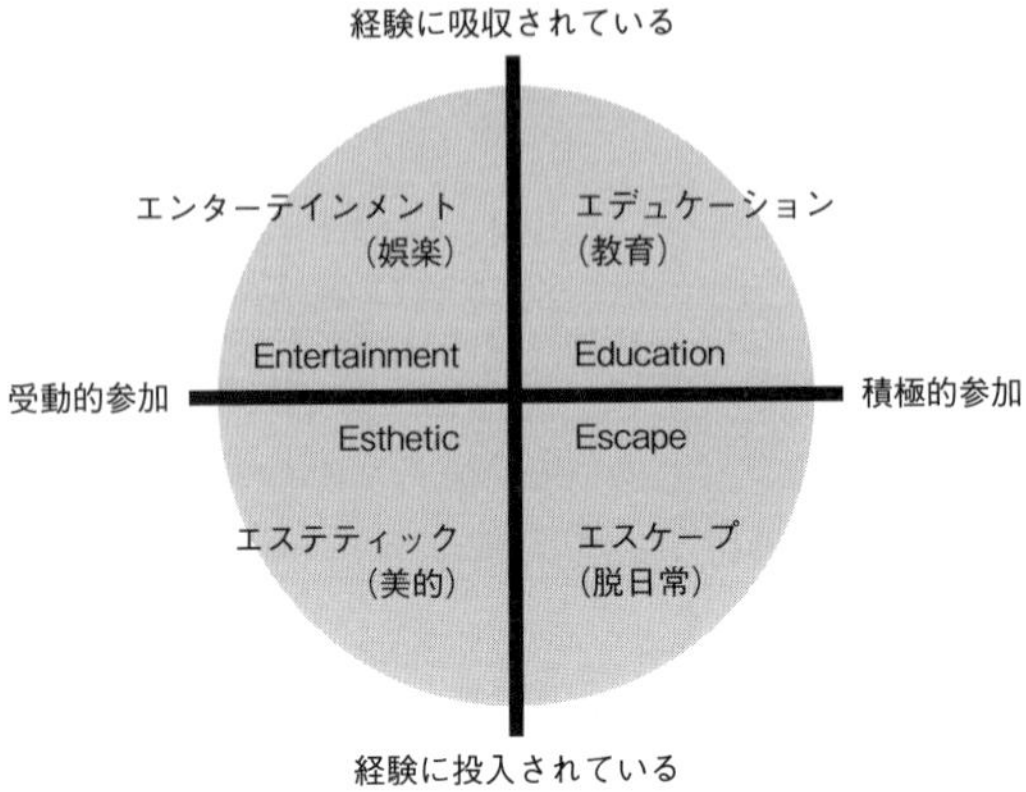

「新訳　経験経済」（ダイヤモンド社刊）を参考に作成

ゲームなどでも、あんまり簡単なものより、ちょっとばかり難しいほうが楽しめることってないですか？「もう、本当に大変なんだよね～」とか、「イヤになっちゃうよ～」と散々周囲にボヤきながらも、どっぷりハマってしまった経験ってありませんか？

上に掲げた「経験をあざやかにする４Ｅ領域」という図は、経験のテーマを設定するときに、入れるべき要素を整理したものです。

横軸は経験に対する、お客さまの参加度を示しています。右に行けば行くほど、お客さまの参加の度合いが高くなることを表します。そして、縦軸はお客さまと経験の関係性を示していて、上に行けば行くほどお客さまが精神的に経験に入り込んでいる状態、逆に下に行けば行くほどお客さまが物理的に経験に入り込んでいる状態を表します。

この２つの軸を組み合わせて生まれるのが、「４Ｅ領域」です。

「経験」がお客さまの心にいつまでも残るように、企業は「経験」をできるだけ、あざやかにする必要があります。そのときの工夫にヒントを与えてくれるのが、この「経験をあざやかにする４Ｅ領域」なのです。

この2本の軸を組み合わせて生まれるのが、エンターテイメント（娯楽）、エデュケーション（教育）、エスケープ（非日常）、エステティック（美的）という、４つのＥ領域です。

歌舞伎を例にして考えてみますと、観劇はエンターテイメント領域にある、典型的な受身型経験です。また、劇場の雰囲気からして、非常に様式化された美に囲まれたエステティックな経験にもなります。年末の京都南座の顔見世に精いっぱいのおめかしをして出かけるときは、エスケープの色彩も濃くなると考えられるでしょうし、エデュケーションの要素を加えた歌舞伎鑑賞教室は、積極的な学びの場にもなります。

「良い経験＝エンターテインメント性が高い経験」という考え方は、あざやかな経験をつくり出すには不十分なんですね。

別のケースも考えられます。

フィットネスクラブに行くことそれ自体が良い経験だと考える人もいるでしょうが、私のような生来の怠け者にとっては、わざわざフィットネスクラブに足を運んで黙々と運動するなんてかなり面倒ですし、はっきり言って苦痛以外の何ものでもありません。

そんなグータラな私ではありますが、放っておくと悪化の一途を辿りそうな健康診断の数値を改善しようとか、いまよりちょっと体を絞って、もっとおしゃれな服が着られるようにしようといった「目標」に向かってなら、粛々と努力をします。

それはダラダラした日常から離脱したい、と願うエスケープでもあり、自らを鍛錬するという意味ではエデュケーションでもある経験ですが、私にとってはエンターテイメントとかエステティックといった類のものではありません。

個人的には、フィットネスクラブに行くこと自体はすごく辛くてイヤな経験です。それでも、それに毎月ン千円ずつ投資を続けるのですから、それくらい「価値のある経験」でもあるわけです。

そう考えると、お客さまの心に残るあざやかな経験を提供するには、「イヤよイヤよも好きのうち」という視点で考えてみることも必要なのかもしれません。

いや、もちろん、お客さまが本当に心の奥底から嫌がるようなことは避けなくちゃいけませんけど。

5・お客さまの心をグッとつかむ経験価値

で、何で「体験」じゃなくて「経験」なの?

経験についてあれこれお話をしていると、必ずどこかのタイミングで「どうして体験じゃなくて、経験という言葉を使うんですか?」という質問が来ます。

Experience という英語を訳したときに、「経験」よりも「体験」という言葉のほうが、ニュアンス的には原語に近いのではないか、とお考えになる方が多いようです。

実際に、体験という言葉を使って経験価値マーケティングを説明する方もいらっしゃいますが、私は経験のほうがしっくりすると思っています。

体験と聞いてみなさんは何を連想をしますか？　体験学習とか酪農体験とか、日頃あまり縁のないことをやってみるとか、積極的に何かに参加するといった意味合いの強いことを連想していませんか？　翻って経験という言葉だと、やや過去のこととか、記憶という意味合いが強くなるかもしれません。

経験価値マーケティングで言うところの経験とは、実際にお客さまが参加してもしなくても良いものなので、積極的参加をイメージするような体験という言葉はそぐわない感じがします。高級スパでゆったりとマッサージを受けているときのお客さまは超受身な状態で、決して能動的に参加している状態ではありませんが、それが価値の高い経験になっている可能性はあります。

だから、やっぱり経験かな、と思うわけです。

Experienceを経験と訳そうが、また体験と訳そうが、大事なのは商品に対してお金を払うだけの充分な価値があると、お客さまに感じていただけるような何かを提供できているかという一点に尽きます。だから、結局どっちの言葉を使おうが、最終到達地点を見誤らなければ良いだけのことです。

とは言え、経験価値の本質をきちんと理解しようとする過程で、なんでExperienceが「体験」ではないのか、そして何が「経験」になって何がならないのか、そういうことを考えてみるのは、無駄なことではありません。

頭の体操のつもりで、時間のあるときにご自分なりに考えてみるのもいいかもしれませんね。

むーん、これは経験価値が高いぞ

みなさま、突然ではありますが、最近ご自分が「むーん、これは経験価値が高いぞ」と思われた場面って、ありましたでしょうか？

私自身がたいへんに心打たれた、小さくてささやかではあるけれど、とっても経験価値が高い出来事をご紹介したいと思います。

虚飾を排して言うと、私は典型的な30代の独身負け犬ＯＬなので、そうした女性たちの傾向としてよく言われるように、大の旅行好きだったりします。プライベートと仕事を合わせると、年に何度か海外にも行きますので、だんだん旅の上級者って言うんでしょうか、平たく言えば相当にわがままな旅行者になってしまいました。

さて、ある日のことです。急にどうしてもバリ島に行きたいという思いに突き動かされて、インターネット上で旅行代理店を探すことにしました。バリには既に1度訪れたことがあり、私なりに現地では泊まりたいホテルややりたいことのイメージを持っていました。だから、ツアーではなくて手配旅行をしてみたいと思ったんですね。

で、なんと偶然にも、すばらしい会社を発見してしまいました。

まず、その会社のウェブサイトの洗練されたデザインに惹かれました。シンプルですっきりしていて、非常に私好みのつくりだったのです。だから、このサイトのつくり手と自分は「何を美しいと思えるか」という感性がきっと近いんだろうな、相性が良さそうだなというのが第一印象でした。

また、ここのサイトには旅行日程のサンプルや宿泊先のリゾートホテルの情報といった通り一遍の情報以外にも、ここを利用して旅をしたお客さまが寄稿したコラムなども掲載されていました。このコラムがまたセンスがよくて、読んでいるだけで旅への思いがふくらむのです。

細かな問い合わせへの対応など、ごくごく基本的なサービスも非常に丁寧かつ迅速で、文句のつけようがありませんでした。例えば宿泊先を決めるときにも、かゆいところに手が届くような的確な情報を自分たちの言葉で提供してくれるので、ものすごい安心感が得られるんですね。

もちろん、ここまでだけでも充分にすばらしいのですが、それでもこの程度の話だったら、別にわざわざここでみなさんにご紹介するほどのことはありません。良い旅行代理店の対応としては、想定の範囲内だからです。先ほどのエクスペリエンス・イベント・マトリックスで言えば、中程度のインパクトのメリットということになります。

私の心をグッとつかんだのは、この後に待ち受けていた、たったひとつの小さなことでした。

旅のプランも固まり、いろんな手続きを経ていよいよ出発の日が近づいたときに、旅行代理店から航空券などが郵送されてきます。普通だったら、おそらく、必要書類が入れられた素っ気無い事務用のクリアフォルダがごく普通の味気ない会社の封筒なんかに放り込まれて、郵送されて来るだけではないでしょうか。

ところが、この旅行代理店のものは、そういった「普通」とはまったく違っていました。会社のロゴマークがシルバーで刻印されているシックな濃紺の箱に、航空券などの重要書類一式を入れて送ってきたのです。まったく想像もしてなかったちょっと上質な香りが漂うその演出に、私はすっかり心打たれてしまいました。

箱代がそんなに高いとは思えません。でも、その箱ひとつのおかげで、「憧れのリゾートに泊まる上質の旅が始まる」というトキメキが高まって、旅行を購入する過程自体がいつまでも忘れられない、特別な経験になりました。

機会があれば、この旅行代理店のウェブサイトをのぞいてみてください。金沢に本拠地を置くマゼランリゾーツという会社です。

もうひとつ、先ほど紹介した本『バナナがバナナでなくなるとき』のタイトルにもなっているエピソードをご紹介しましょう。舞台は1950年代のアメリカはニューオーリンズにあるブレナンズというレストランです。

当時、ラテンアメリカからアメリカへのバナナ輸出の中継点だったニューオーリンズでは、みんながうんざりするほどたくさんのバナナがあふれていました。ブレナンズは誰も見向きしないようなバナナを使って、特別なデザートを開発しました。

お客さまの目の前で、ラム酒をかけたバナナを炎に包み、最後にバニラアイスを載せて供するスタイルをとったバナナフォスターというこのデザート。完成から50年経ったいまでもこのレストランで1番人気の料理で、実に年間で1万6千キロ近いバナナが使われているそうです。

バナナというありふれ化した商品でも、使い方ひとつで特別な価値を生み出すようになったわけですから、みなさんの日常のお仕事の中でも、小さなことかもしれませんがお客さまに「これは経験価値が高いぞ」と思っていただける何かは、きっとあるはずです。

6・特別ではないことから「特別」が生まれる

毎日の小さなことが歌いだす♪

ここまで「ふつうのモノが〝特別〟に変わる方法」について、つらつらと書いて参りましたが、改めて最後に、どうしてもこれだけはお伝えしておきたいと思います。

それはお客さまに特別な経験を提供するためには、特別なものなど何ひとつとして必要ない、ということです。

ディズニーランドもクリスマスも、確かに特別。でも、それだけが特別なのではありません。マゼランリゾーツの箱やブレナンズのバナナフォスターのように、それほど大掛かりな仕掛けがなくても、コストをかけなくても、本当にちょっとしたことがものすごく特別な何かを生み出す力を持っているからです。

私が偏愛してやまない画家に、ベルギー生まれのルネ・マグリットという人がいます。シュルレアリ

ルネ・マグリット（Magritte, Rene・1898−1967）
『光の帝国』1954年（写真提供PPS）

スム運動を代表する1人で、パイプの絵を描いておきながらその絵のうえに「これはパイプではない」と書いたり、鳥の形に青空を切り抜いた絵を描いたり、不思議な作品を数多く残しています。

マグリットの作品でも私が特に好きなのは、「光の帝国」と呼ばれる作品群です。「光の帝国」では、夜の街にポツンと浮かぶ家が描かれています。それだけだと普通の風景画ですが、マグリットはさらにその家の上に、青空を描きました。白い雲がまぶしくぷかぷかと浮かぶ、昼の空を、です。

夜の街と昼の空。どちらもそれぞれ題材としてはありふれたものですが、この2つが1枚の絵の中に描かれることで、見る人を驚かせ、心に訴えかけてくるような魅惑的な作品になりました。

思うに、お客さまに特別な経験を提供することも、このマグリットの手法とあまり変らないのではないでしょうか。

マーケティングには前代未聞の発想や、前人未到の事業のようなスゴいものが必要なのではありません。自分たちの身の回りにあるものを見直して、ありふれたものを並べ替えたり、組み替えてみたりする。違った角度から光をあててみる。そんな風にして、お客さまの心の底にある郷愁だとか、冒険心だとか、遊び心といったようなものを刺激して、特別な価値を生み出すことができるのではないでしょうか。

ごく普通のものも組み合わせや提供の仕方の工夫次第で特別になる可能性を秘めています。大事なのは、その可能性を見抜くことができる〝目利き〟となれるよう、常に自分の感性を磨いて、特別を追求し続けることなんですね。

映画化もされた『存在の耐えられない軽さ』という作品が有名なミラン・クンデラというチェコ出身の小説家がいます。彼の『Identity』（邦題：『ほんとうの私』集英社刊）というように作品に、「Thanks to advertising, everydayness has started singing.」（広告のおかげで毎日の小さなことが歌い始めた）という1節がありました。

それはたまたま登場人物の1人が広告会社に勤めていたからこういうフレーズになったわけですが、「広告のおかげ」の代わりにご自分のやっていることを当てはめて考えてみてください。

自分が、あるいは自分の会社の商品が、誰かにとって特別な価値、特別な経験を提供できるようになれば、きっとその誰かの毎日は、いまよりもっと楽しくなるはずです。大上段でも何でもなくて、私たちの毎日の小さなことが歌いだすような、そんなワクワクするようなマーケティングを、あなたも目指してみませんか。

第1章　ありふれたモノが「特別」に変わる瞬間
―なんちゃってマーケターに学ぶ経験経済

小髙　尚子（おだか　なおこ）
大手広告会社

東京都出身。

東京大学大学院総合文化研究科修士課程修了後、広告会社入社。シンクタンク部門、経営企画局、営業局を経て国際事業統括局勤務。現在は海外拠点の運営に従事している。これまでに自動車、飲食、化粧品、ITなど多岐にわたる業種のクライアントを担当。生き甲斐はキレイな靴を買うこと。生来の買い物好きを活かしたマーケティング分析が得意。

訳書に『バナナがバナナじゃなくなるとき』『新訳　経験経済』（共にダイヤモンド社）、『みんなの意見は案外正しい』（角川書店）などがある。

第2章　エネルギーの特別な価値って何？
――LOHAS時代の生活提案

東京ガス都市生活研究所　早川美穂

いわずもがなだが、エネルギー会社が販売する電気やガスといった商品は目に見えない。しかも、商品単体で見る限り、同業他社との差別化はほとんど不可能である。そこに、エネルギー会社はどんな価値を与えれば良いのか。

そのひとつの答えが、健康と環境を志向するライフスタイル「LOHAS」にあった。食生活、入浴、くつろぎ、睡眠など、日常生活での効果的なエネルギー利用法の提案を通じて、人は心身ともに豊かになれる。

で、「LOHAS」なエネルギー利用って、いったいどんなもの?

１・注目されるＬＯＨＡＳ

環境・健康への関心の高まり

最近、よく耳にするＬＯＨＡＳ（ロハス）。どういうものかご存知でしょうか。アメリカの社会学者が１９８６年から15年間にわたり約15万人を調査した結果、いままでに見られなかった新しい価値観やライフスタイルを持った人々の層があることに気づき、その人たちのライフスタイルがＬＯＨＡＳと名づけられました。

ＬＯＨＡＳとは、Life Style of Health and Sustainability の頭文字を取ったものです。「健康と地球の持続可能性を重視するライフスタイル」を意味しますが、ただやみくもに健康や環境配慮を求めるのではなく、快適さや格好良さを伴うカタチで実現しようとしているのが特徴です。例えば、「安物を使い捨てで使うよりも、良質なものを長く大切に使い続けることにより、地球環境に優しく快適な生活を実現したい」といった考え方です。

ＬＯＨＡＳを志向する層は、アメリカでは成人の25％、欧州では30％に達し、今後ますます増加すると考えられています。また、新しい文化の担い手で購買力もあると見られることから、関心を示す企業が欧米でも日本でも増えているのです。

日本における健康や環境への意識はどのようになっているのでしょうか。

東京ガス都市生活研究所では、生活者の生活実態や意識の動向を把握するため、1990年から3年おきに「生活定点観測調査」を行なっていますが、2005年までの15年間で、特に顕著な変化が見られるのは、やはり「環境意識」と「健康への関心」の高まりです。

例えば、「地球環境を守ることは大切」と考えている人や、「エアコンの設定温度を弱めるようにしている」または「電気を無駄につけっぱなしにしない」などの省エネ行動を心がける人、健康関連の記事を読むことがあるという人が、明らかに増えているのです（図1・図2）。環境配慮については、重要性が様々な場面で頻繁に説かれていますし、健康についても、長寿命化の影響で「元気で幸せに老いたい」という意識が高まっていますから、当然の傾向かもしれません。病気を治すよりも、むしろ病気予防や老化防止のほうに、より関心が高まっているようです。

ただし、これらのための行動は、「快適性」を大きく損なわない程度でしか行なわれていないこともわかっています。例えば環境配慮では、「エアコンの温度設定を弱める」といった程度の行動は受け入れられていますが、健康についても「寒い日も暖房はつけない」、「入浴は1日おきにする」といった、大きな我慢を強いられるような行動には、増える兆しはありません。入浴頻度や洗髪頻度などは、むしろ増加しているほどです。また健康配慮の行動として、健康飲料を飲む頻度は増えていても、低農薬や無添加の食材の購入など、お金や手間がかかる行動は減っています。

環境配慮も健康配慮も、どの行動がどれだけ効果をもたらすか因果関係を知ることが難しいため、大切だとは思っていても、快適さを損なってまで努力する気が起こらないのでしょう。

図１　環境意識の変化

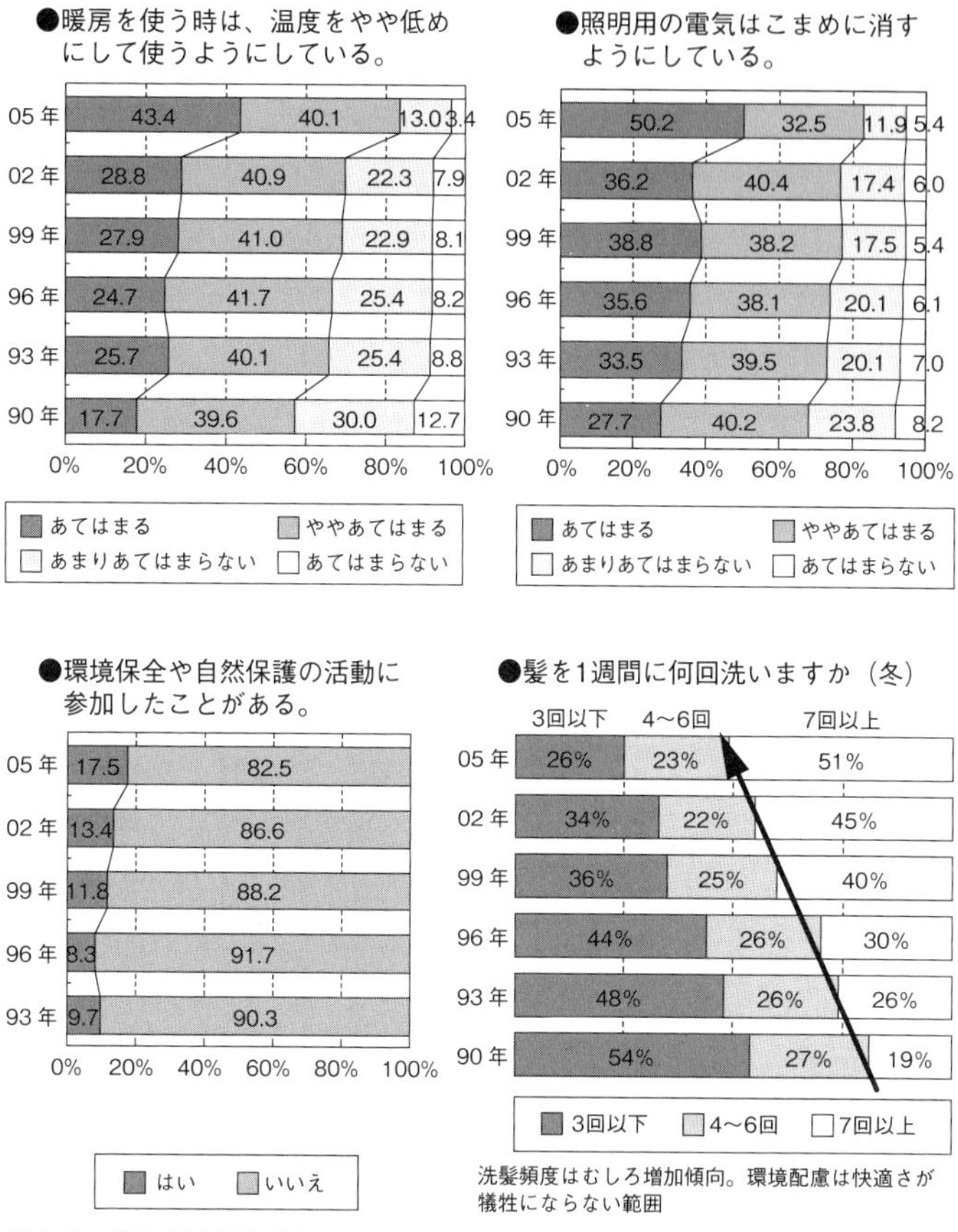
●暖房を使う時は、温度をやや低めにして使うようにしている。
05年 43.4 40.1 13.0 3.4
02年 28.8 40.9 22.3 7.9
99年 27.9 41.0 22.9 8.1
96年 24.7 41.7 25.4 8.2
93年 25.7 40.1 25.4 8.8
90年 17.7 39.6 30.0 12.7
0% 20% 40% 60% 80% 100%
あてはまる　ややあてはまる　あまりあてはまらない　あてはまらない
●照明用の電気はこまめに消すようにしている。
05年 50.2 32.5 11.9 5.4
02年 36.2 40.4 17.4 6.0
99年 38.8 38.2 17.5 5.4
96年 35.6 38.1 20.1 6.1
93年 33.5 39.5 20.1 7.0
90年 27.7 40.2 23.8 8.2
0% 20% 40% 60% 80% 100%
あてはまる　ややあてはまる　あまりあてはまらない　あてはまらない
●環境保全や自然保護の活動に参加したことがある。
05年 17.5 82.5
02年 13.4 86.6
99年 11.8 88.2
96年 8.3 91.7
93年 9.7 90.3
0% 20% 40% 60% 80% 100%
はい　いいえ
●髪を1週間に何回洗いますか（冬）
3回以下　4～6回　7回以上
05年 26% 23% 51%
02年 34% 22% 45%
99年 36% 25% 40%
96年 44% 26% 30%
93年 48% 26% 26%
90年 54% 27% 19%
3回以下　4～6回　7回以上
洗髪頻度はむしろ増加傾向。環境配慮は快適さが犠牲にならない範囲

東京ガス都市生活研究所調べ

図２　健康関心の高まり

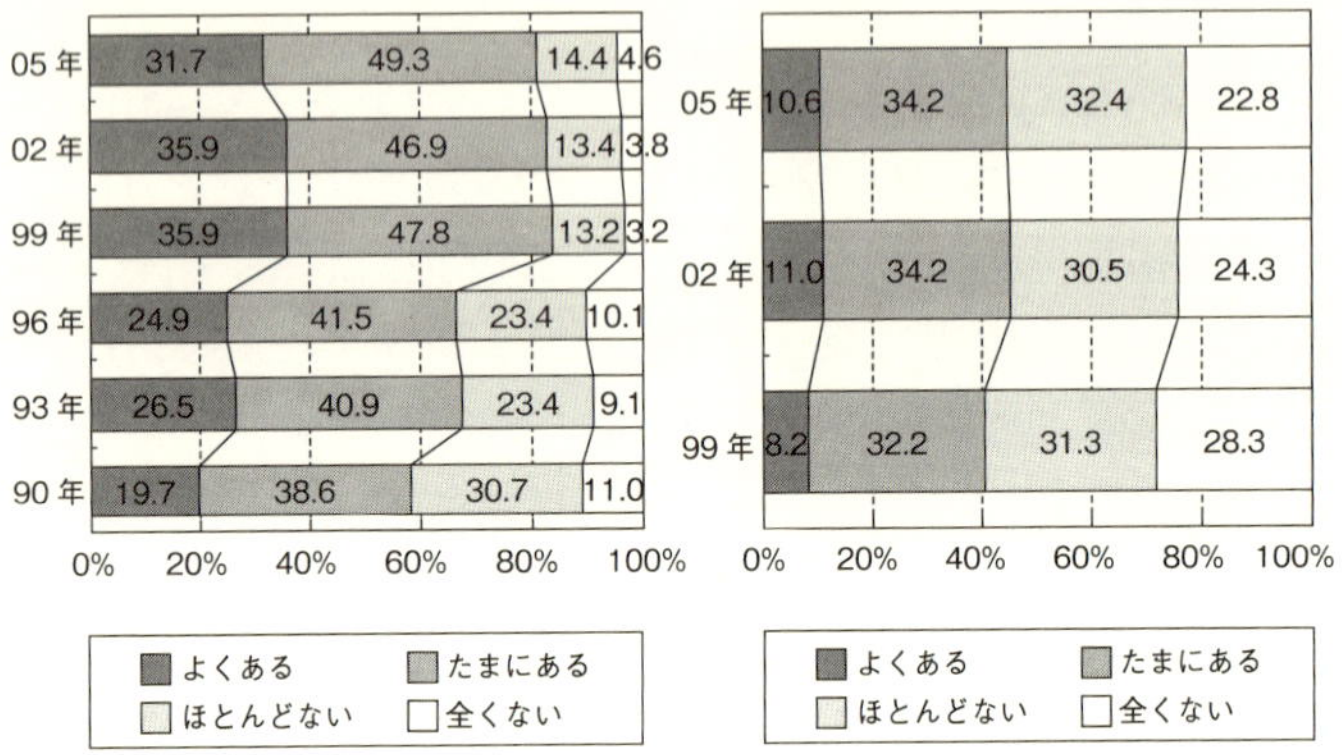

東京ガス都市生活研究所調べ

「快適性と健康・環境配慮の両立を重視する」という志向は、まさにＬＯＨＡＳと同じ考え方です。このような志向がもともと日本でも高まりつつあったところへアメリカからＬＯＨＡＳという横文字のコンセプトが伝わったため、そのトレンド感にも後押しされて、意識が一層高まったように思われます。

エネルギー業界でも、このようなＬＯＨＡＳ志向の人々のニーズに注目しながら、エネルギー活用の方法を提案して行く必要があります。いまの時代、エネルギー会社には、省エネ性やCO_2削減のための技術開発や提言が強く求められています。しかし、エネルギーを使用していただくことによって地球環境にある程度負荷を与えてしまうからには、できるだけ心身の健康や快適のために役立つ使い方をしていただくための努力をするということも、ＬＯＨＡＳ時代には大切なのです。そのための新たな設備の提案はもちろん、既存の設備の効果的な使い方の情報提供も求められるでしょう。

では日常生活においてどのようなエネルギーの使い方をすれば、心身の健康や快適性が得られるのでしょうか。つまり、エネルギー利用で実現できるＬＯＨＡＳとはどのようなものでしょうか。

食生活、入浴、居室でのくつろぎや睡眠など、エネルギー使用を伴う生活シーンごとに具体例をご紹介します。

２・ＬＯＨＡＳ時代の食生活

調理簡便化志向の高まり

健康への関心が高まり続けているにもかかわらず、家庭での調理は、簡便化の一途を辿っています。スーパーやデパートではお惣菜売り場が大人気。その売り場面積は急速に拡大しています。東京ガス都市生活研究所の調査によれば、「食事の大半は家で作るべき」と考える人は、１９９０年には59％でしたが、２００５年には36％にまで減少しています。

また、夕食の調理に1時間以上かけるという人の割合も、ここ9年で65％から46％へと減少しています。その一方で、買ってきたものをそのまま食べることが週1回以上あるという人は、ここ12年間で2割強から4割強へと20ポイントも増えているのです。健康には配慮していても、食事ではなくサプリメントや機能性食品の活用に頼るという人も少なくありません。特に若年層の主婦は、美味しさや健康へ

図3　調理簡便化志向の高まり①

●家の食事の大半は家庭で作るべきだ。

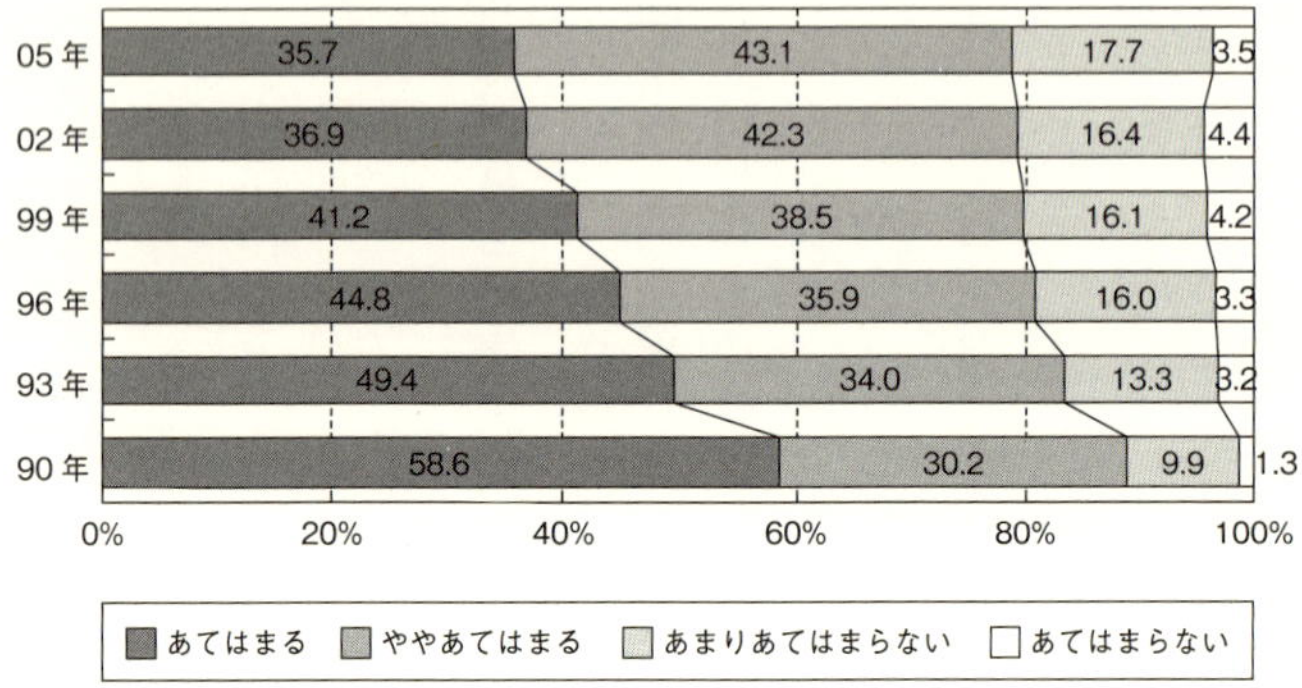

●夕食を作る時間は平均してどれくらいですか。

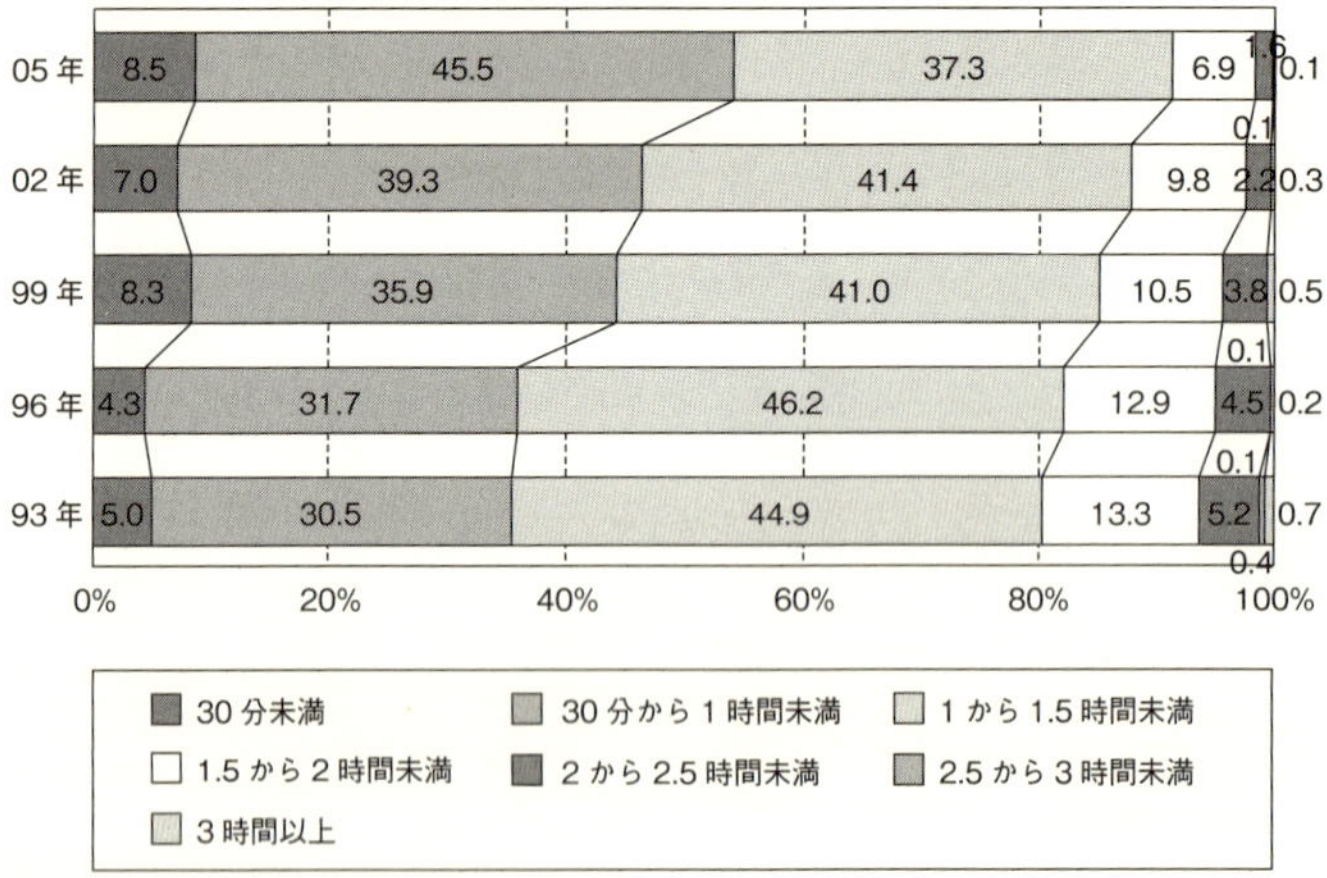

東京ガス都市生活研究所調べ

のマイナス影響が多少であれば(または不明であれば)、むしろ手間や時間を省くほうを選ぶという傾向が強いようです。

サプリメントや機能性食品に頼ることが本当に健康に良いかどうかの議論はさて置き、最近は甘さや苦さ、酸っぱさ等の味を正確に理解できない味覚オンチの子供が増えていることが判明しています。これは、買ってきたままの食品やインスタント食品などの利用の増加と無関係ではないと言われているのです。料理の美味しさには、味覚だけでなく、料理の色、香り、噛んだときの音、歯触りや舌触り、喉ごしなど五感で感じる全てが影響します。つまり美味しい料理を食べることは、五感の育成にも役立つのです。

さらに、季節の食材の色や香り、食感を活かした加熱法や自然な味付けや盛り付け、できたての料理ならではの美味しさを実感しながら食べたほうが、栄養が身に付きやすいとも言われていますから、健康にもかかわってきます。親の気持ちとしても、「子供の五感を育てたい」と考えている人が８割以上にのぼり、「調理をしているところを見せれば子供の感性が育つ」と考えている親も86％を占めます。このような思いとは裏腹に、実際には調理の簡便化もやめられないという実態があるのです。簡便化志向と五感の育成を両立できる手段があれば、喜んで受け入れられるはずです。また、もうひとつ忘れてはならないのは、子供側の気持ちです。「親が自分のために料理を作ってくれている」と感じること自体が、子供の「幸せ感」、つまり心の健康にも影響するという調査結果もあります。親が食事に、何かしらの気持ちや手を加えるという事は大変重要なことと言えます。

子供の健康を守る簡便調理法

このような課題を解決するには、いったいどうすれば良いのでしょうか。

手を抜きながら美味しく健康的に料理する方法はたくさんあります。例えば、①短時間でおいしい調理法（強火や電子レンジなどの短時間加熱）、②温度管理や時間管理を自動で行なってくれるセンサーやタイマーが付いた調理器の活用、③ひとつのメニューでたくさんの素材が食べられる調理法などがあげられます。

この①〜③全てを満たす案外知られていないものとして、例えば、「両面焼きグリルの活用」があります。最近のコンロの魚焼きグリルの部分は、上下の両面から一気に焼き上げるタイプが一般的になってきており、タイマーも付いています。つまりオーブントースターを超強火力にしたような機能になっているのです。トーストを焼けば表面はパリパリして中はふっくらと、あっという間においしく焼き上がりますし、焼き魚はもちろんお肉や野菜も、塩や香辛料（または油など）をかけてグリルに放り込めば、10分ほど放っておくだけで、本格イタリア料理の炭火焼き風のご馳走が出来上がりますので、実は私自身も手抜き時に重宝しています。余分な脂が網から下に落ちてヘルシーですが、その脂がキッチンに飛び散る心配が無いのも魅力です。また、買ってきたお惣菜を美味しくするのにもひと役買います。スーパーなどで売られている出来合いのお惣菜は、てんぷらやコロッケなどの揚げ物が最も人気ですが、冷えた揚げ物を食べるのは味気ないものです。かといってオーブントースターで温めると10分近くかかってしまいますし、電子レンジで温めれば衣が柔らかくなり揚げ物ならではの歯ごたえがなくなってしま

図４　焼き調理後の脂質量の比較

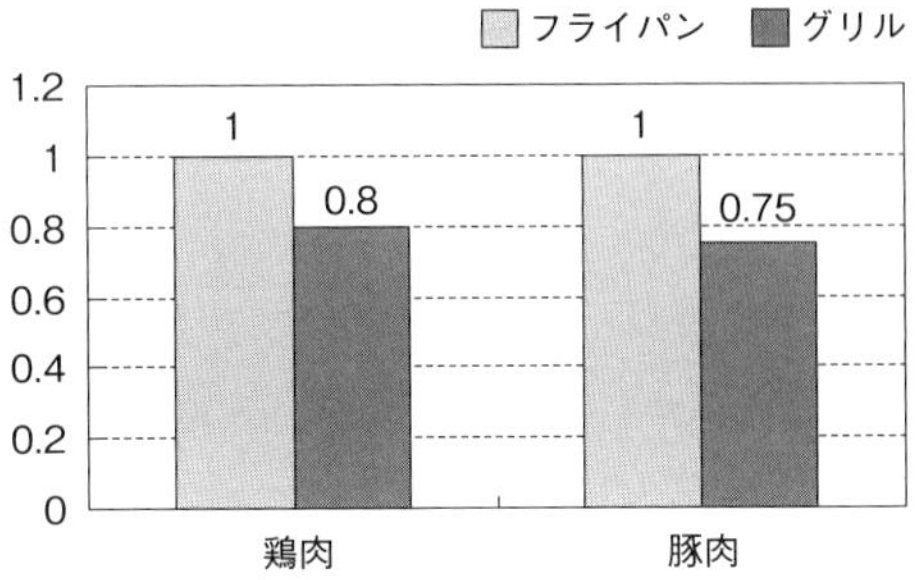

フライパンでなくグリルで焼いた方が脂質が減らせる。

東京ガス都市生活研究所調べ

図５　ブロッコリー調理後のビタミンＣ残存量

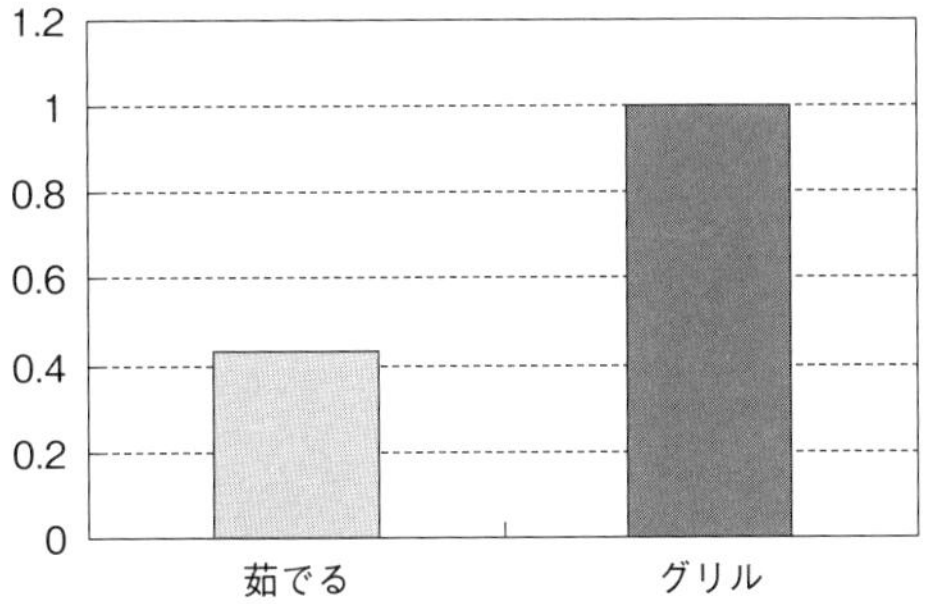

グリルで焼くことにより、ビタミンＣを多く残せる。

東京ガス都市生活研究所調べ

います。ところが両面焼きグリルを活用すれば2〜3分で、まるで揚げたてのように香ばしく温め直せます。さらに、昔ながらの片面づつ焼くタイプのグリルと比べて焼きあがるスピードが大幅に速くなったため、火力が強くなったにもかかわらずエネルギー消費量は3割近くも少なくなっています。LOHASに両面焼きグリルの活用は欠かせないと言えるでしょう。

手間や時間を省きたい場合に、いきなり出来合い惣菜や外食、インスタント食品等ばかりに頼るのではなく、「手を抜きながらおいしくできる」調理法を活用していただきたいと思います。

東京ガスでは、グリルだけでなくコンロの全ての口をフル活用して、たった15分で数品のおかずを美味しく作り上げる段取りのコツなども紹介しています。また、栄養が多い野菜の皮部分を美味しく食べて、ごみを軽減させる調理法や、エネルギー利用を最小限に抑える省エネ料理法なども「エコクッキング」と名づけて紹介しており、手軽に行なえて、美味しさや省コストにもつながるため、多くの人に喜ばれています。

調理道具の活用法だけでなく、調理空間自体を工夫する方法もあります。例えば、囲炉裏のように食卓にコンロやグリルを組み込めば、家族で一緒に作りながら食べることが自然にできます。

情報提供に工夫を

難しいのは、これらの情報の伝え方です。料理の方法は、おびただしい数の料理の本や料理番組でたくさん紹介されていますし、その中には右に紹介したようなコツもあります。

しかし、料理簡便化志向の強い人に限って、そのような料理の本や料理番組を読んだり見たりすることと自体が少ないかもしれません。

料理の本や料理番組ばかりではなく、ライフスタイル情報やファッション情報、子育て情報などの中に、簡便調理法の情報をうまく組み込む工夫が必要です。

また、仮にこれらの情報を伝えることができたとしても、簡便化志向が特に強い人たちには受け入れてもらえない可能性もあります。次世代にもエネルギーを健康的に使ってもらうためには、健康や栄養の知識、美味しさの認識に関わる五感などの教育を、子供たちに対して直接行なって行くことも大切でしょう。

もちろん、子供がいない世帯に対しても、ＬＯＨＡＳな食生活のあり方を提案することは大切です。少子高齢化が進む今後は、高齢世帯や単身世帯などへの提案も強く求められるでしょう。先に紹介した簡便調理法はこれらの世帯にも活用できるものです。

ただし、これらの情報の伝え方や具体的メニューは、子供がいる主婦の場合と１人暮らしの高齢男性の場合では大きく異なります。対象ごとに伝え方のバリエーションを揃えておく必要があると考えられます。

図6　調理簡便化志向の高まり②

●売っている総菜を利用して料理を簡便化することに抵抗はない。

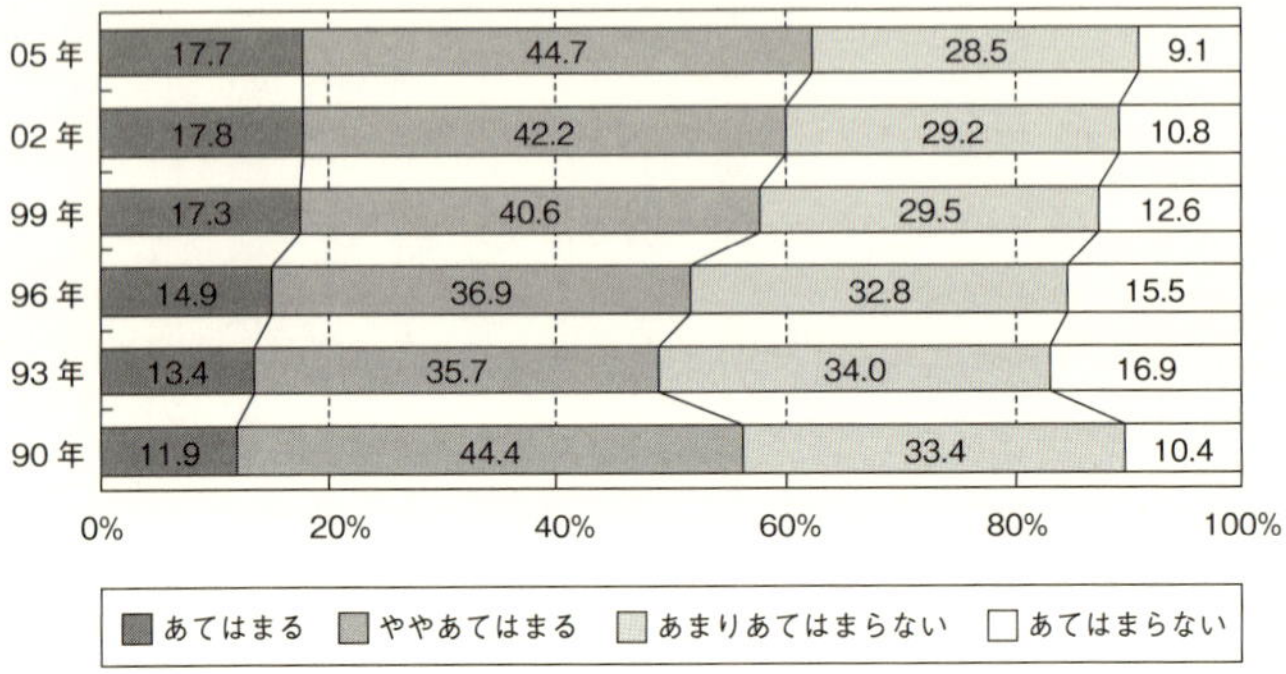

●「だし」はできる限り昆布や鰹節等からとっている。

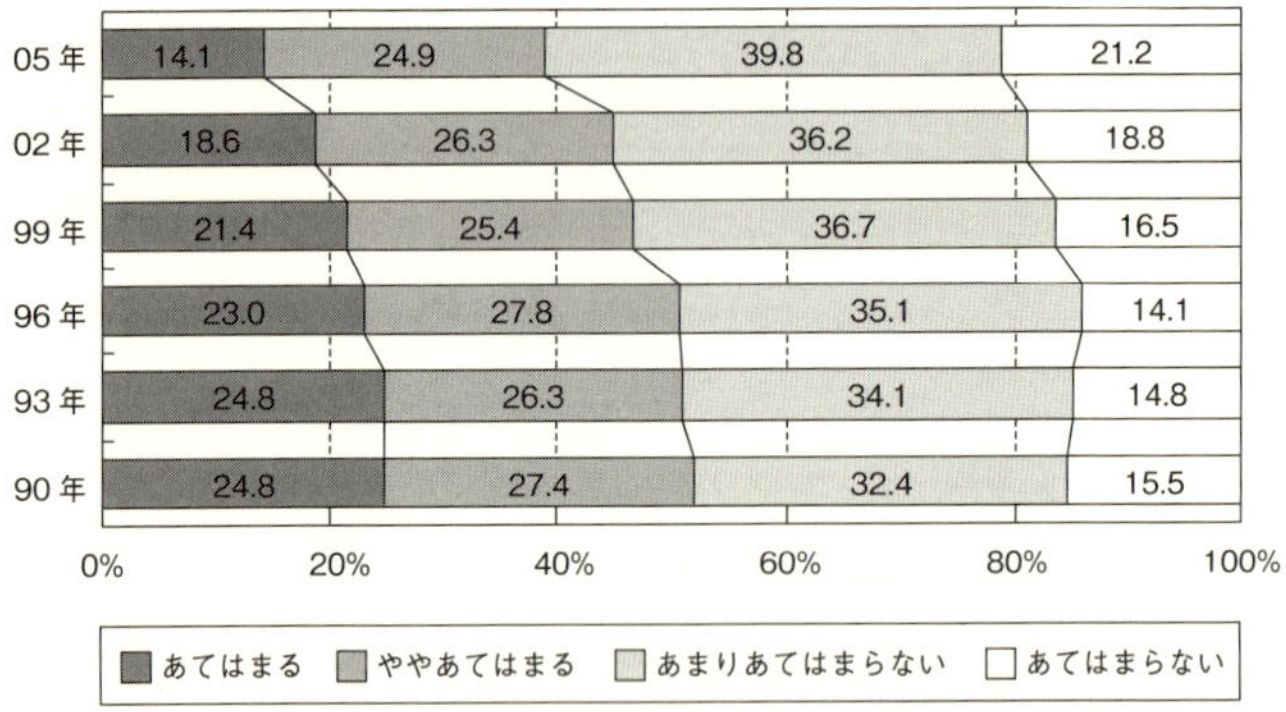

東京ガス都市生活研究所調べ

３・ＬＯＨＡＳ時代の入浴スタイル

お風呂は病気予防と美容の場

家庭での生活行動でエネルギーを最も多く使うのが入浴。日本人はお風呂が大好きです。アンケートで「入浴の効果をどのように感じているか」について聞いたところ、温まる、清浄効果、疲労回復、リラックス、美容、覚醒、楽しみなど、実に多くの効果が感じられていることがわかりました。入浴には本当にこれらの効果があるのでしょうか。もしあるとしたら、なぜなのでしょうか。

お風呂のお湯は、実際に体にも心にも大きな影響を与えます。

体に与える1番の効果は、「血行促進」。お風呂のお湯には、血行促進に役立つ「温度」、「静水圧」、「浮力」の3つの作用があるからです。体は温められると血管が開いて血のめぐりが良くなりますし、静水圧はお湯に浸かった部分へのマッサージ効果をもたらすため、さらに血行を良くします。また、浮力のおかげで体が軽くなり（肩まで浸かれば体重は約10分の1になります）体を支えるための力を減らせるため、筋肉が血管を圧迫せず血行が妨げられないのです。

血行が良くなると、健康にも美容にも良いことづくめです。例えば、血管中に滞った疲労物質が流れ去るだけでなく、白血球の働きで免疫機能も高まりますので、病気になりにくくなります。また細胞に栄養分が充分行き渡って新陳代謝が活発になります。つまり、皮膚細胞も元気になり、肌にハリや弾力

図７　入浴の効果について、どう感じますか？

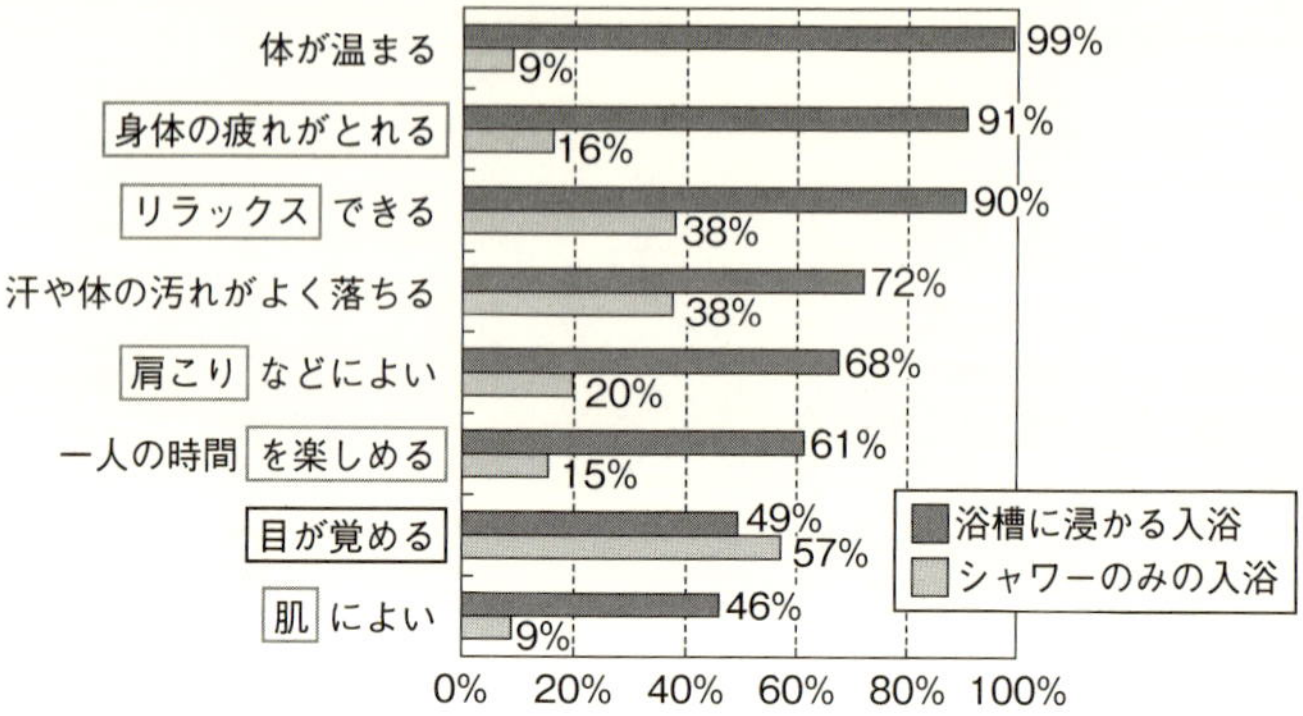

東京ガス都市生活研究所調べ

図８　手甲血流量

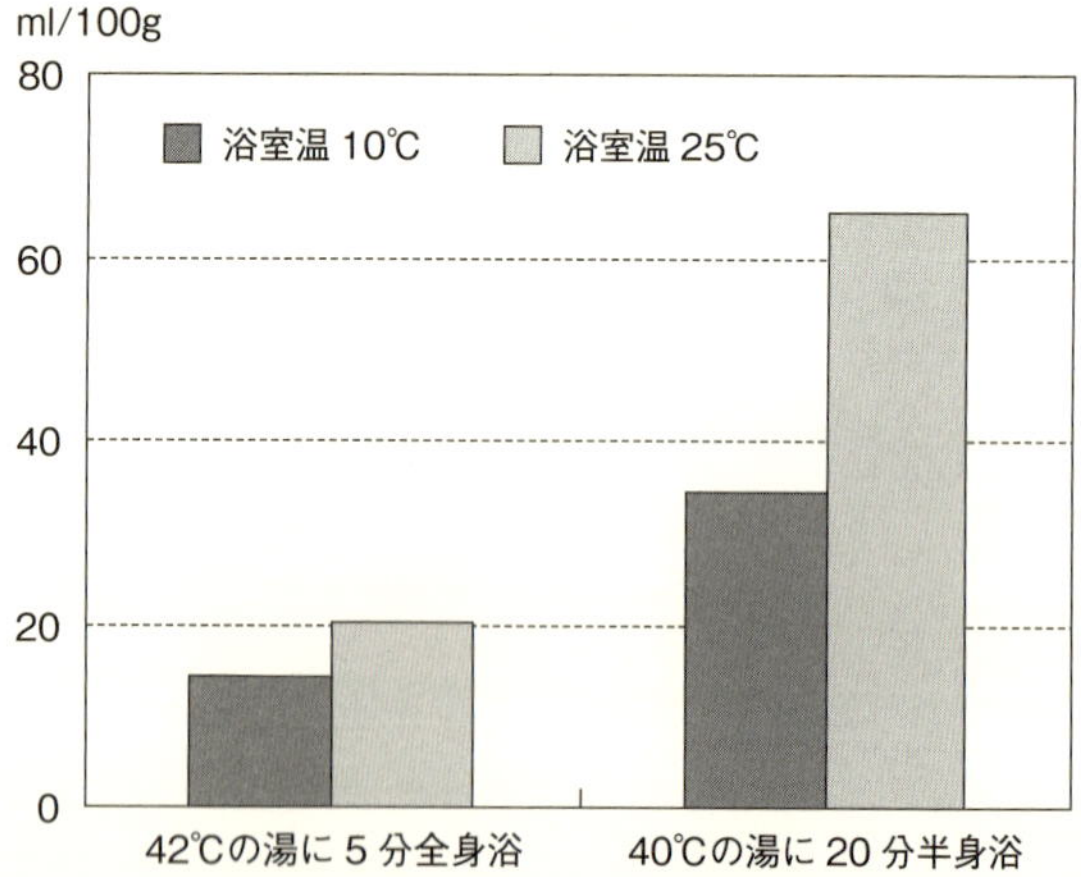

ぬるめの湯の長風呂は血行促進に効果が高い

東京ガス都市生活研究所調べ

が出るといった美容効果も期待できるのです。また、お風呂でしばらく温まると汗が出てきますが、そうすると汗の水分で皮膚の角質層が潤う上に、皮膚に詰まった汚れが汗と一緒に流れ出るため、美容効果が一層高まることもわかっています。

このようなお風呂の血行促進効果は、日本人にとっては特に大切です。なぜなら、日本では冬場は寒い住宅が多く、血行障害が起こりやすいからです。欧米などの日本より寒冷な地域では、全室が常に暖房されていて、住宅内はどこも寒くないのが一般的です。また、日本人は、もともとの体質と食習慣、運動習慣の少なさ、勤勉ゆえのストレスの高さなどの影響で、特に血行障害が起こりやすいと言われています。さらに最近は、冷房の効かせすぎや冷たい飲食物の摂取、ファッション重視の薄着、ストレスが高い仕事やデスクワークの増加など、血行を悪くするライフスタイルが増える傾向にあるため、一層対処が必要なのです。

お風呂でリラックスもリフレッシュ（目覚め）も自在

お風呂は心にも作用します。最も大きな効果はリラックス効果です。体と心は密接な関係にありますから、お湯に浸かって体の疲れが取れれば、自然に心も安らぎますが、お湯そのものが直接心にも作用するのです。

例えば40℃以下のぬるめのお湯に浸かれば、自律神経の中でリラックス効果を高める副交感神経が強く働きます。また、40℃を超える熱めのお湯に浸かると交感神経が優位になり興奮をもたらします。つまり、気分を入れ替えてリフレッシュしたいときには熱いお湯、リラックスしたい場合はぬるめのお湯に浸かるのが効果的なのです。

さらにバスタブの水面も、心のリラックス効果を高める作用があります。考えてみれば、リラックスの場の代表であるリゾート地に海や川、湖、プール、温泉などの水面の存在が欠かせません。水面のきらめきやゆらぎ、川のせせらぎ、波の音に何故か心を動かされてしまうのは、生命の起源が海にあるからでしょうか。もしくは人間の体の70％が水でできているからかもしれません。いずれにしても住宅内の最も大きな水面というと、池やプールがある場合を別とすればお風呂。目の前に水面を湛えられる入浴は、視覚的な面でもリラクセーションに相応しい場と言えます。

血行促進とリラックス効果が得られる「ゆっくり入浴」

このように、入浴は本来体や心の健康に大いに役立つはずですが、これらの効果は、入り方によって変わってきます。毎日入浴していても、効果が少ない入浴法ばかりの人も少なくありません。

例えば、血行促進効果を上げるには、お湯に20分間くらい浸かる必要があります。温められた血液は1分間に1～2周の速度で体を回りますが、内臓まで温めるには20周以上回る必要があるからです。20分間のぼせずに浸かるためには、38～39℃くらいのぬるま湯に浸からなくてはなりません。早く温まりたいからといって、42℃くらいの熱いお湯に浸かると、3分間くらいでのぼせてしまいますが、3分では体の芯まで血がめぐらず、温まりません。皮膚がすぐに真っ赤になったとしても、これは単に皮膚の表面の血管が開いているだけで、全身が温まったわけではないのです。また、さらに血行促進効果が低いのは、お湯に浸からないでシャワーだけで済ませる入浴です。全身に一斉に降り注ぐような大容量のシャワーなら別ですが、部分的にしかお湯をかけられない一般的なシャワーではなかなか体が温まらず、血行も良くなりにくいのです。夏などにお湯に浸からずシャワーだけで入浴を済ませる習慣がある人は、血行促進から得られる疲労解消や、免疫・新陳代謝機能の向上は期待できません。

ぬるま湯にゆっくり浸かるという入浴法は、既にご説明したようにリラックス効果も高めますが、20分くらいリラックスして浸かるには、ミゾオチくらいまでの浅さの半身浴が適しています。肩まで浸かる全身浴をすると、お湯の中で合計で５００kg以上もの静水圧が、全身を圧迫するのです。末梢血管が圧迫されると血液が一斉に心臓に戻ろうとするため、心臓に負担がかかってしまいます。浅く浸かる半身浴の場合は、静水圧が適度なマッサージ効果を持つレベルに抑えられて全身の血液分布が均等になり、リラックスしやすいことがわかっています。また窮屈な姿勢で20分間浸かってもリラックスできませんから、足をらくに伸ばせるような形やサイズのバスタブも不可欠です。

冬は浴室は寒くないことも大切です。浴室が寒いとそれが刺激となって体が緊張してしまい、リラックス効果が低くなることが都市生活研究所の心理テストの結果でも判明しています。また、さらに、浴室が寒いと命さえも脅かす危険があることもわかっています。浴室での死亡事故は、年間1万人以上。交通事故による死亡者数を上回ります。そして、その死亡事故の多くは冬期に起こっているのです。入浴時、寒い脱衣室や浴室で裸になると、寒さで血圧が急速に上がりますが、その後浴槽に浸かると血管

図９　入浴後のストレス度変化（入浴前を１として）

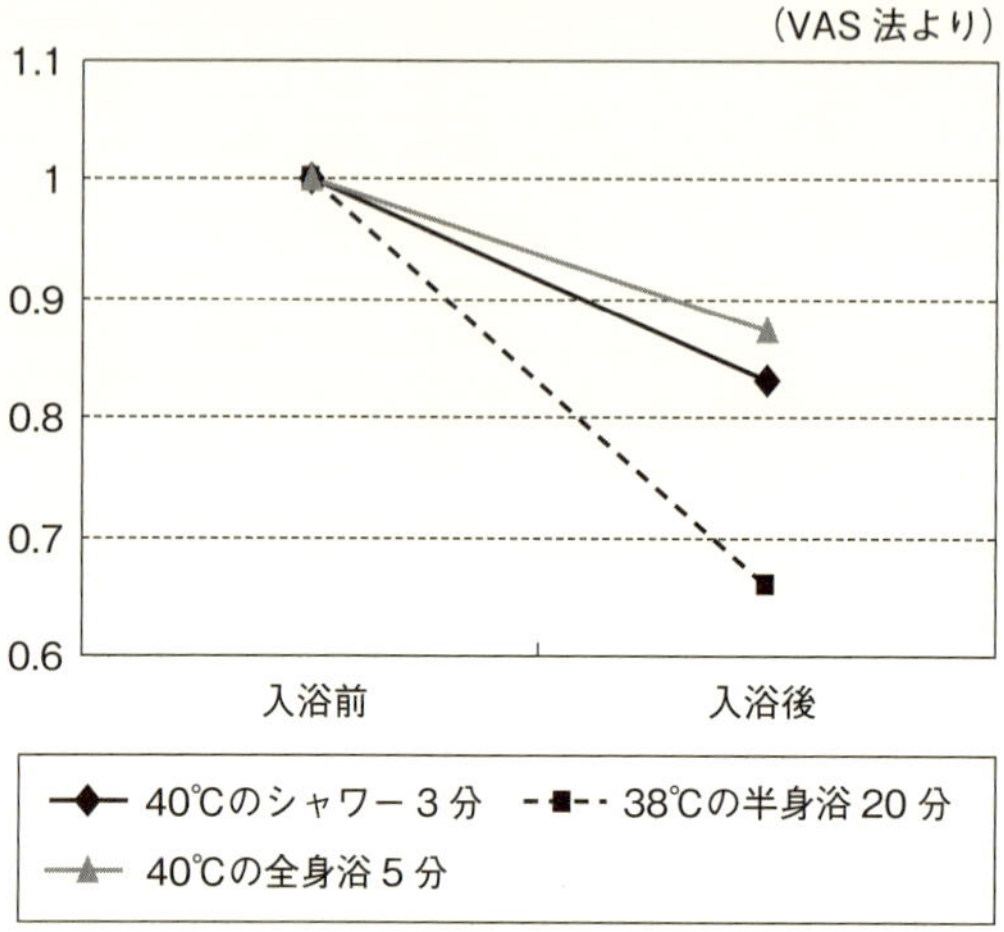

ぬるめの長風呂はストレスが下がりやすい

東京ガス都市生活研究所調べ

図 10　浴室の室温によるストレス変化の比較（半身浴時）

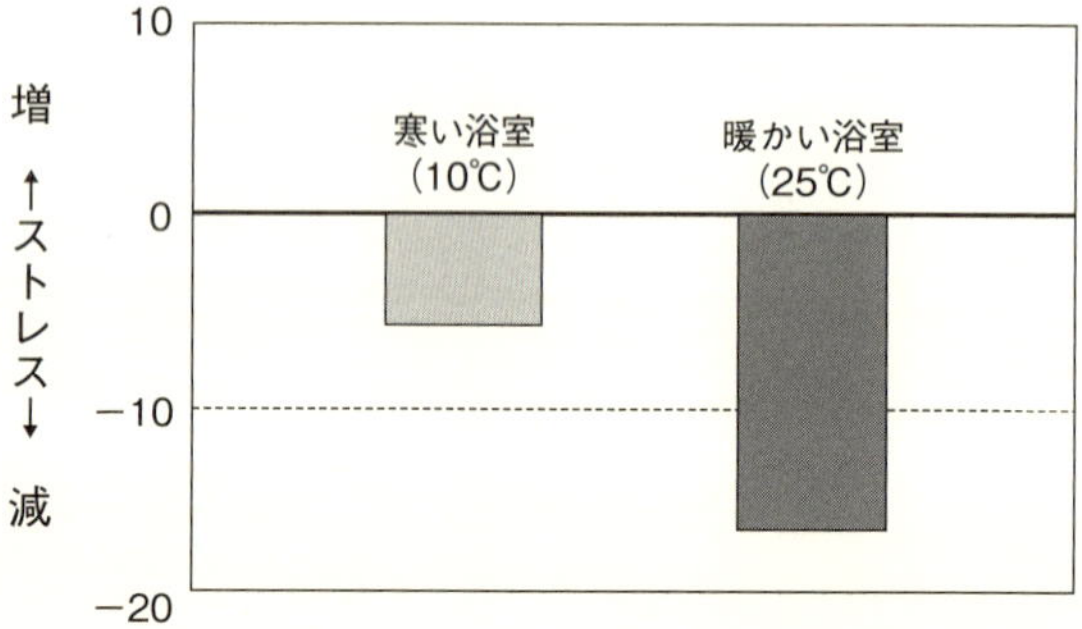

浴室が寒いとストレスが下がりにくい

東京ガス都市生活研究所調べ

が開くため血圧は低下します。この血圧変動が激しいと心臓に負担がかかり危険なのです。浴室は本来はリラックスに最適な場所のはずです。そして、最も寒い格好になる場所であるにもかかわらず、家中で最も過酷な温度環境になってしまっているのですから理にかなっていません。他の先進国諸国では、浴室や脱衣室に暖房があるのは当たり前になっていますが、世界一お風呂好きと言われる日本では、まだまだ普及が進んでいないという矛盾があります。

しかしその一方で、日本では浴室に暖房だけでなく、サウナ機能まで取り付けるという家庭も増えています。家庭の浴室全体をお湯の温度と同じ40℃前後に保てるミストサウナは、頭まで同時に温められるので、10分くらいで体の芯まで温まります。お湯の中と違って静水圧を全くかけずに全身を温めることができるという気軽さから、心臓が弱くて毎日お風呂に入るのが不安だという高齢者層からも注目され始めています。また、短時間で汗をかくこともでき皮膚の調子もよくなるため、美容効果を強く求める女性や、発汗による爽快感を求める男性などにも人気があるようです。

ところで、お風呂でリラックスするためには、それに適した浴室空間を整えることも大切です。気持ち良くお風呂に浸かりながら見つめた先に、汚れた掃除道具がぶら下がっていたり、浴室にカビの臭いが漂っていたりしたらどうでしょう。考えただけでも、リラックス気分は吹き飛んでしまいます。浴室内のカビを防ぐ対策はもちろん、窓の位置や照明、浴室で使う小物類の色やデザインなどにも、リビングルームと同等の配慮をすべきです。リラックスに音楽やテレビが欠かせない人なら防水のラジオやCDプレーヤー、テレビなども活用すると便利です。

図11　朝食を食べる時間がなくても
朝シャワーを浴びたい（アメリカ）

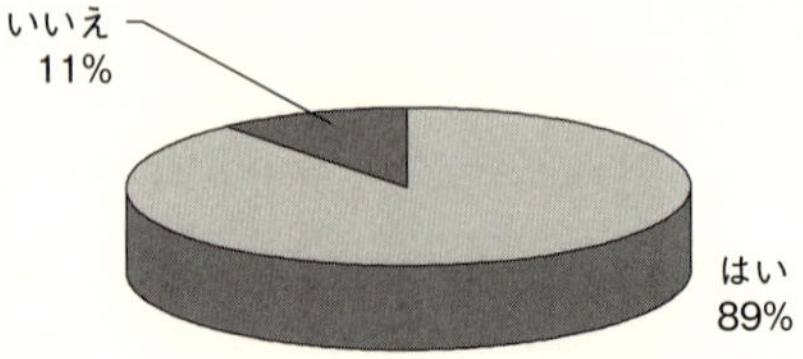

東京ガス都市生活研究所調べ

シャワーマッサージ

アメリカでは季節にかかわらず、毎日シャワーを浴びる人が9割。そのほとんどが朝浴びています。その理由のトップは「目を覚ますため」。朝食を食べる時間がなくても朝シャワーを浴びたいという人が89％を占め、さわやかな目覚めに欠かせない手段と認識されています。アメリカの家庭ではシャワーヘッドが高い位置に固定されている場合が多く、手で持つことができないために一見不便そうですが、「高い位置にあると重力で水勢が増し、刺激が強くなるので目覚め効果に最適」なのだそうです。中にはヒマワリの花を二まわり大きくしたようなシャワーヘッドを愛用している家庭もあります。滝に打たれるくらいの迫力がありそうで、浴びるには勇気が要りそうですが、慣れるとやめられなくなるとのことです。

先にご説明したように、40℃を越える熱いお湯を体にかければ、温度の刺激で覚醒効果をもたらしますが、シャワーなら水流による刺激も加わり、より効果が高まるはずです。日本指圧協会副会長の佐藤一美氏によれば、熱や圧力を特定の場所に当てることができるシャワーは、すばらしいマッサージの道具と考えて良いそうです。温泉施設や、高級ホテルなどでは、すでにマッサージ効果が高そうな大容量のシャワー設備が増え始めていますが、今後は家庭でも普及してゆくものと思われます。冬の朝でも気軽にシャワーを浴びるには、浴室や脱衣室の暖房の他、シャワーブースがあれば便利そうです。アンケートでシャワーブースのニーズを聞いてみたところ、中高年の男性の３割前後が欲しいと感じていることがわかりましたが、日本人はマッサージが好きですから、そのマッサージ代わりにシャワーをうまく活用する方法を知ってもらい、有効に活用していただきたいものです。

毎日の入浴を病気予防、美容、リラックス、マッサージに活用するという方法は、快適さを犠牲にしない手軽な健康行動ですから、ＬＯＨＡＳ志向にはフィットし、これからは益々注目され活用されて行くでしょう。設備機器の開発や使用スタイルの提案も、お湯の使用スタイルのこのような多様化を見越して行なわれるべきだと思われます。

４・ＬＯＨＡＳ時代のくつろぎ環境

ストレスの少ない温度分布

日本の四季は行事や俳句、食生活、ファッション、室内装飾などに大いに楽しみをもたらしてくれますが、温度や湿度が激しく変化するという気候風土は、体にとっては過酷です。日本の大半の地域では、夏は蒸し暑く冬は寒いですから、空調を使わないで済む季節はごく限られており、冷暖房共に普及率が大変高くなっています。しかし住宅内の空気環境が十分に快適で、健康に優しい状態になっているかというと、必ずしもそうではありません。

そもそも、健康に優しく快適な空気環境とはどういうものでしょうか。一般的に言われている条件としては、

① 体（特に心臓）への極度な負担がかからない温度分布
② 埃、カビ、ダニ、化学物質など体に大きな悪影響を及ぼさない空気質
③ 心への極度なストレスが少ない（音や臭いなど）空気質

などがあげられます。

①の「体への極度な負担がない温度分布」とはどういうものでしょうか。家中どこに行っても心臓に極度な負担がかかるような温度差がない「温度バリアフリー」の状態であれば、先にご紹介したような入浴中の死亡事故が防げて安心です。しかし実際は、家中どころかひとつの部屋の中でさえ、大きな温度差が生じている場合が多くみられます。例えば、「居間のコタツの中やホットカーペットの上は暖かく快適だが、立って歩くと寒いので、動きたくなくなる」ということはないでしょうか。特に高齢者の場合は、このような室温環境で生活すると運動不足にもつながります。少なくとも部屋の中は、動き回るのが苦にならない程度の温度に保たれていることが大切でしょう。

ただし、家中の温度分布が全く均一であるのが理想とは限りません。ストーブのポカポカとした熱に

体の一部分だけが当たっている時や、風呂上がりで全身が火照った状態で額だけに、そよ風が当たったりする時などは、心地良いものです。また、自然の影響を排除して人間が意のままに調節した環境には、逆に息苦しさを感じることがあります。つまり「極度」ではなく「適度」で自然な刺激であれば、かえって快適さをもたらす場合も多いのです。「温度のあり方」の定義はこのように複雑です。

また、その居室でどのように過ごしたいかによっても、求める温度分布は異なるかもしれません。例えば室内履きをしっかりと履くのか、それとも素足なのか、ソファにきちんと座るのか床に直接座りたいのかなどによって、床に求める温度は異なるはずです。

以前冬にヨーロッパの家庭を何軒か訪問したことがありますが、どの家庭でも部屋の窓側の壁にラジエータ式暖房が付けられていて、その放射熱で全室が温められていました。住宅の断熱性が高いこともあり、どこを動き回っても温度ムラが少なく快適でした。ただ、靴を脱いでみると、さすがに床は冷たく床に直接座り込む気にはなれませんでした。日本では裸足での生活を好む人や床に直接座る生活スタイルの家庭も多いため、床自体の温度を考慮することが求められます。また接触面の温度感は素材によって異なりますから、床の素材と空調設備との相性の配慮も大切です。

快眠のための環境とは？

リビングルームの空調設備にこだわる家庭は少なくありませんが、寝室では、夏に冷房は使っても、冬の暖房は使わないという家庭が多いようです。人間が眠りに落ちやすいのは体温が体の外に逃げ始めるときですから、体温が逃げにくい夏の熱帯夜に冷房を付けたくなるのは当然です。では冬はどうでしょうか。寒い環境では体温が逃げやすいため、寒いままでも眠りに適しているように思いがちです。ところが、手足が冷えすぎていると抹消血管が収縮して体温を逃がしにくくなるため、かえって眠りにくくなるのです。昔から寝床の中で足元に行火(あんか)が使われて来たのは、この状態を防ぐためです。もちろん、寒くても蒲団をかぶってしばらくじっとしていれば、自身の体温でだんだん温まってくるため眠りに落ちることはできますが、体が蒲団にくるまっていても、顔や首に冷たい空気が当たると、交感神経を刺激して覚醒効果が働いてしまいます。寝返りを打った瞬間などは特に刺激が大きいはずです。

熟睡しやすい環境とは、寒すぎず暑すぎない爽やかな室温なのです。もちろん一般的に重要とされている、暗さ、静かさ、気流の刺激が少ないこと、埃などが舞わないことなどにも留意が必要です。東京ガス都市生活研究所の調査によれば、家に熟睡できる環境として不足感を感じている人は51%を占めますから、空気環境改善を試みる価値はあるはずです。

ダニやカビを防ぐ方法

埃やカビなどの悪影響については、まず、エアコンから撒き散らされるものを思い浮かべる方が多いと推察されます。もちろん、これらも体に害があることは明確ですから、エアコン内部の清掃性などは重要ですが、ここではカビやダニの発生自体を抑える方法について考えることにします。

カビが生えるには、①酸素がある　②20~40℃の温度　③カビのエサとなる栄養(脂や垢など)　④80

％以上の湿度という4条件が揃っている必要があるということがわかっています。①②③を満たした状態で湿度が80％なら約24時間でカビは発生し始め、湿度が96％なら6時間ほどで発生します。カビが増えれば、そのカビをエサとするダニも増えます。家から酸素を無くしたり、室温を20℃以下や40℃以上に保ったりすることは困難ですから、③か④をコントロールするしかありません。

それでは住宅の湿度を下げるには、どうしたら良いのでしょうか。家の中で湿気の1番の発生源といえば浴室です。浴室自体、カビ発生率が最も高い場所ですが、浴室で発生した蒸気はすぐに家中に拡ってしまいますから、他の部屋のダニやカビの発生にも影響を及ぼします。したがって、入浴中や入浴後は、しっかりと換気をして、湿気を外に出すことが大切です。さらに、浴室暖房乾燥機の乾燥機能を毎入浴後に2時間使えば、梅雨時でさえ浴室にもカビは全く生えないことが、実験でも証明されています。

料理や洗濯、水槽など、湿気の発生源になりそうなものは、お風呂以外にもありますし、最近は住宅の高気密化が進んでいますから、浴室以外の場所も換気に気を遣うことも大切です。ところが、実際はそれどころか、かえって湿気やダニカビを増やす行動をしている人も少なくありません。例えば洗濯物の室内干しです。雨の日や出かけるときなど、洗濯物を室内に干すことがあるという人は何と97％にも上るのです。4kgの洗濯物を脱水すると約2ℓの水分が残りますが、それを室内に干せば、その水分は全て撒き散らされます。室内に洗濯物を干している部屋は、干していない部屋に比べて、ダニの発生が2倍以上だそうです（吉川翠他『住まいQ＆Aダニ・カビ・結露』井上書院より）。最近は共働きなどで日中家を留守にする家庭が多い上、洗濯物を部屋に干してもイヤな臭いを発生させない工夫が施された洗剤が出回っていることもあり、室内干し派は増える一方です。

一時、住宅の建材やインテリアなどに有害な化学物質が含まれていたりすると、ダニやカビの発生が抑制される効果があると言われていますが、住宅の高気密化に伴ってこれらの化学物質も規制されるようになり、ダニやカビの繁殖が一気に増加するのではないかと懸念されています。

かかる現状を踏まえると、ダニやカビを減らし健康を守るためには、雨や留守の日の、洗濯物の室内干しに替えて、衣類乾燥機がもっと活用されるようになるべきだと思われます。

本当の省エネ

お湯と並んで多くのエネルギーが使われる空調。空調設備を購入する時には省エネ性を重視する人が少なくありません。ところが、省エネ性で選ぶときに気をつけなければならないのは、実使用での省エネ性です。冬の暖房としてはエアコンを使っている家庭が最も多くなっていますが、その家庭のうちの9割は、エアコンだけでは物足りなく、同じ部屋の中でホットカーペットやファンヒーターなど他の暖房機も併用しています。快適な状態にするために、複数の設備機器の併用が想定される場合は、省エネ性の換算においてもその組み合わせを想定するべきです。一方、他の機器と併用されずに単独で使用されることが多い暖房機は床暖房ですが、これも本当は最初の30分ほどはエアコンを併用するほうが、部屋が早く暖まる上に効率的です。

最も好ましいのは空調への負荷が少なくて済む住宅構造であることです。最近の新築住宅では、高断熱仕様の壁や床、屋根、窓などが当たり前になり、冬場の暖房効率が高まって快適になりました。ところが、夏期の快適さに配慮した住宅の仕様は忘れられがちであるように思われます。

徒然草に「家のつくりやうは夏を旨とすべし」とあるように、日本の木造住宅は、もともと夏向きに作られていました。夏の日差しを遮る庇（ひさし）や、風を効果的に呼び込み通風を良くするための間取りや天井高、地窓、格子戸、床下。そして日射による輻射熱を和らげる厚い屋根。また、打ち水や、季節に合わせて建具を取り替える習慣などのライフスタイルの工夫までを計算に入れた住宅構造が当たり前だったのです。戦前に建てられた私の祖父母の家も、夏に冷房がなくても快適だった記憶があります。

ところが近年は、冷房設備の普及や、スペースや施工の手間、コスト、メンテナンスなどの合理性重視のせいで、夏向けの工夫はないがしろにされています。窓を閉じて自然の通気を止めながら、24時間換気と空調設備でエネルギーを使うことを前提とした住宅というのは、エコに反しているように感じます。また、そのような仕様の家に住んでいる人も、実際には、窓を閉じて24時間換気だけを使っているケース、雨や風がひどい時以外は適度に窓をあけて生活している家が多いようです。低温低湿の冬と高温多湿の夏の両方に適した住宅構造や設備は、日本の気候風土ならではの永遠の課題としてその解決方法が求められるでしょう。

今後の照明

リラックスには、温度環境や接触面の触覚の他、視覚や嗅覚、聴覚、味覚など五感への刺激効果が影響しますが、最も大きな影響を及ぼすのは視覚的な効果です。エネルギー利用にかかわり、視覚に影響するものと言えば、まず照明があげられます。目を覚ますためには朝や昼の日光のような蛍光灯色の照明、リラックスするためには夕日の色に近い白熱灯の照明が良いということや、直接照明よりも間接照明のほうが、リラックス効果が高いことは、多くの人が知っています。しかし照明の配置や色、傘の素材などによって効果の違いなど、一般的に知られていないことがまだまだあります。日本人は照明の使い方に比較的無頓着だと言われていますが、照明に使うエネルギーは決して少なくありませんから、できるだけ効果が高い使い方を生活者に知ってもらうことが大切です。

また照明にかかわる最近の変化のひとつとして、暖炉の活用があります。最近、日本でもリゾートホテルやシティホテル、マンションなどで、暖炉が使われることが増えてきています。都市部のホテルやマンションではガス暖炉、家庭用通信販売では暖炉風の電気ヒーターも人気です。西洋の住宅では、暖炉は古来から料理を煮炊きし暖をとり、灯りが得られる場所として欠かせない存在でした。そして、料理をする場所がキッチンに移り、近代的な暖房設備が整った今日でも、美しい灯りの機能として重視され続けています。暖炉ならではの放射熱の心地良さが期待される場合もありますが、夏場でも、視覚的効果を狙って活用されることが少なくありません。赤い炎の色や不確定に揺れる炎がリラックス感と高揚感の両方を掻き立てるため、普通の照明には無い心地良さがあると言われていますし、欧米では未だに、暖炉設備があることが高級住宅の証と見なされるほどです。

都市生活研究所の調査によれば、日本の都市部でも「団欒の場に炎が欲しい」と考える人が３割もいます。暖炉のように炎が見える電気やガスの暖房も注目され始めています。暖炉に限らず、今後も様々なタイプの照明設備やその活用法の充実が求められて行くと思われます。

５．ＬＯＨＡＳに合った設備と情報発信の充実を

多種多様のＬＯＨＡＳスタイルを見極めて

ＬＯＨＡＳに合った設備や機器を提案する際には、省エネ性や健康・快適性だけではなく、流行にとらわれず、いつまでも使っていたくなるような商品にするよう配慮すべきです。ドイツの家庭を訪れた時、新品のようにきれいで美しいデザインのオーブンが、祖母から引き継いだ30年前からのものだと聞いて驚いた記憶があります。日本の家電設備は寿命がおよそ10年と想定して造られていますが、その寿命がくる前にデザインには愛想が尽きてしまう場合も少なくありません。部品や中身だけは交換しても、表面の材質やデザインなどが20年でも使い続けたくなるほど上質で洗練されていれば、使い捨てになりにくく環境にやさしいと言えます。

また、省エネばかりでなく創エネ、つまりエネルギーを創ることを楽しむ文化を醸成することもエネルギー業界の役割です。自宅で太陽光発電の設備や家庭用コジェネレーションシステムを活用している

人々は口を揃えて、自家発電の記録を確認するのが大きな楽しみだと言います。このような楽しみをもっと拡げる方法を探るべきでしょう。

以上、LOHASに合ったエネルギー利用のあり方について、いくつか紹介させていただきましたが、ちまたでLOHASのコンセプトを掲げて紹介されている生活や商品を見ると、ヨガから自然食品、アロマテラピー、省エネ商品、自然素材のグッズや衣服、快眠グッズ、自家菜園、自然エネルギーの設備に至るまで、実に多様です。中には、快適であっても環境に優しいとは言えなさそうなものや、省エネであっても健康効果は得られそうにないものもあります。

対象となるモノの範囲が広いということは、それだけ健康や環境配慮に興味を持つきっかけも拡がるという意味で良いことですが、生活者は、正確でない情報まで信じて「健康配慮のつもり」とか「環境配慮のつもり」が全く無意味であったり、逆効果であったりしないよう気をつける必要があります。エネルギーにかかわる生活行動や設備については、私たちも、わかりやすく正確な情報を提供するよう努力をしていかなければなりません。

生活行動や設備の健康価値を証明して行くことは大変困難ですから、専門家の力を借りる必要があるでしょう。東京ガスでは、これらの研究を行ない、その結果をメディアや学会などを通じて発信するように心がけています。また生活者にLOHASそのもののあり方について考えていただく場を提供するために、2004年に「Make Lohas .com」というウェブサイトを立ち上げ、様々な有識者の先生方のLOHASについてのご意見をご紹介しています。

エネルギー業界全体が正確で多様な情報発信を心がけることにより、ＬＯＨＡＳ時代におけるエネルギー利用の価値が一層高まって行くのではないでしょうか。

第2章　エネルギーの特別な価値って何？
――LOHAS時代の生活提案

早川　美穂　（はやかわ　みほ）
東京ガス株式会社　都市生活研究所　所長

東京都出身。

東京ガス株式会社入社し都市生活研究所研究員として配属。その後商品技術開発部に移り、2001年からは再び都市生活研究所に戻り、2004年から現職。

国内外の市場調査を数多く行なった経験に生理学的アプローチを加えた観点で、今後の住生活や食生活、入浴スタイルのあり方などについて、予測や提言を行なっている。講演や官公庁主催の委員会参加、マスメディア（新聞・テレビ・雑誌等）でのコメント掲載・執筆は年間約100回に及ぶ。

公職として「社団法人　長寿社会文化協会」理事、「住文化研究協議会」企画委員入浴関連主要企業で構成する「風呂文化研究会」代表などを務める。

主な著書に『お風呂大好き』（生活情報センター）、『暮らしが変わる　住まいが変わる』（共著　生活情報センター）などがあり、『現代用語の基礎知識2007』自由国民社）に「入浴を活用する」の項目を担当するなど著述も多い。

インテリアコーディネーターの資格も持っている。

第3章　とにかく、消費者の心理を知ろう！
―イマドキの主婦のホンネと買物行動に迫る

マーケティングプランナー　本間理恵子

一般的な家庭で財布の紐を握っているのは、得てして主婦である。つまり、消費者にアプローチしていくには、何よりも主婦の買物心理・買物行動を知らなければならない、ということになる。

買物ひとつとって見ても、おもしろいくらいに違っている「男脳」と「女脳」。「男脳」では思いもよらない、独特な「女脳」の世界が存在する。それは一体どのようなものなのか。

さらに、タイプ別に分類された女性の感覚や意識も興味深い。

消費者として大きな影響力を持つ、イマドキの主婦層の心理を知ることによって、新たな展開が見えてくるに違いない。

１・「買物脳」で女性のお買物心理をキャッチ！

お買物感覚のズレ

突然ですが、奥様と一緒にお買物に行くのはお好きですか？

男性の方は大抵、そんな質問されるなんて心外だとばかりに、「妻と一緒に買物？もちろんよく行きますよ。」と答え、２人で仲良く買物をしていると強調します。では、デパートで明らかに自分の買物とは思えないブランドの買物袋を持った男性たちが、疲れきった様子でエスカレーター近くのベンチにもたれ、タバコなど吸っている光景をよく見かけるのはなぜなのでしょうか。奥様が売り場をうろうろと見てまわり、商品をためつすがめつ、しきりと眺めている割には購入に至る商品が少ない。こんな状況に業を煮やして、「お前はなぜ買うものをあらかじめ決めてからここに来ないのだ？」と奥様をなじったりしているのでは？ご主人。

あなたは、奥様が日ごろ使っているバッグと大差ないデザインのバッグを買ってきてうれしそうに笑みなど浮かべているのを見て、「そのかばん、何に使うんだ？」などと問いかけたりしてはいませんか？そして、奥様の「だって、かわいかったんだもの。このフリンジ、おしゃれじゃない？」との返答に、理解も納得もゆかないといった顔をしているのではないでしょうか。

そんな買物にまつわる男女の小さなズレは、私が子供のころから目にしていたものですし、もっと昔、人類が「お買物」を楽しみ始めたころから変わっていないのではないかと思います。男性は女性の買物が理解できず、これは女性も然り。この買物にまつわる、男と女の間の「買物デバイド」とも言える些細な溝は、ほんの10年前までは、理解できないまま放置しておいても良かったのです。それは放置しておいてもモノが売れたからです。

しかし、家庭での買物の8割を主婦が決めていると言われる今日、見て見ぬふりをしてきた「買物デバイド」は、無視できない状況となりました、車など、当然男性が決定権を握っていそうなものでさえ、主婦の意見を尊重して購入している家庭が多くなっています。車のショールームに行ってみてください。セールスマンが「奥様はどうですか？このカラーはお好きですか？」とか「奥様にも気に入っていただける機能です。」など、当のご主人よりも奥様の方に視線を合わせ、話しかけることが多いのに気づくはずです。

いまや、男女の買物心理や買物行動の違いを理解し、その違いをマーケティングに反映させることは、何を売るにも必須スキルと言えるのです。

「買物脳5つの法則」で「買物デバイド」を乗り越えよう

では、男性と女性の買物心理、買物行動はどのように異なるのでしょうか。その違いを図1の「買物脳の5つの法則」で見てみましょう。5つの法則さえ理解すれば、男女の「買物デバイド」（格差）を乗り越え、女性の買い物心をくすぐる提案を行なうことができるというわけです。5つの法則ごとに、そ

図１　買物脳５つの法則

1. 成果を出したい男脳、楽しく買いたい女脳
2. スペックを手に入れたい男脳、イメージを買いたい女脳
3. 理屈で買いたい男脳、一目惚れしたい女脳
4. モノと戯れたい男脳、ヒトと繋がりたい女脳
5. 征服したい男脳、仲良くなりたい女脳

のポイントとマーケティングのヒントをご紹介します。

買物脳の法則１　―成果を出したい男脳　楽しく買いたい女脳

男性の買物行動のひとつめの特徴は、買物で失敗を犯してはならない、他人よりも効果的に効率的に買物行動を遂行したいといった、買物の成果を重視する点にあります。例えば、「１円でも安く商品を手に入れたいがために、ネットで比較検討を怠らない。」、「買物では失敗しないように、じっくり検討に検討を重ねる。重ねすぎて買い時を失うこともある。」といった買物行動です。

一方、女性は、買物行動そのものを楽しみたい、買物でストレス発散をしたいなど、買物の成果よりも買物の過程を重視する傾向があります。例えば、「旅行を申し込んでから行くまでの時間を、パンフレットやガイドブックを見ながら楽しむ。旅行中も楽しいけれど、旅行の思い出を整理する時間もとても楽しいひととき。」といった行動です。買物行動が買う瞬間だけでなく、買う前から

始まり、買った後も続いているのです。ですから、マーケティング活動はその一連の買物行動を演出しなければならないわけです。

●ショッピングはセラピー？

「嫌なことがあったときなど、会社帰りのブティックでついつい、かわいらしいピアスを衝動買い。結構これで気分スッキリヨ。」といった女性によく見られる買物も、「衝動買い」のひと言で片付けられない意味を持っているのです。

女性は男性よりも買物で得られる心理的満足を求めがちな生物と言われています。それは、生きるために欠かせない食糧を得るための行動に関係しているのではないかと推測されます。男性の場合は、女性や子供たちのために少しでも大きな餌を効率的に獲得する能力が、自分の存在価値を高めるのに必要だったため、現代でも買物行動において、無意識のうちに効率を求めがちなのではないかと思われます。それに対して、女性にとっての買物は効率的に餌を獲得する行動ではなく、男性から餌を分け与えられるに足る存在であること、つまり、周りから愛される存在であることを確認するための行動なのではないでしょうか。ギャンブル依存症は男性に多く、買物依存症は、女性の方が多い病だと言われています。陥りやすい依存症が異なることからも、少ない投資でより大きな経済的なメリットを得ようとする男性と、ショッピングにより、心理的な充足感を得ようとする女性との違いがわかります。

ショッピング先進国、アメリカの店舗スタッフの中には、自分の職業を「ショッピングセラピスト」

だと自認している人もいるほどで、「私の仕事はお客さまにモノを売ることではなく、お客さまを心地良い気持ちにさせること！」と言い切ります。例え、自分と買物に対する価値観が違う場合でも、ありのままのお客さまを受け入れ、サポートすることからショッピングは始まるのです。

●ショッピングタイムを演出しよう

女脳をくすぐるには、効率的な買物とは相反するテクニックも有効です。例えば、ごちゃごちゃとした商品陳列で、自分の欲しい商品を「探し出す」楽しみを提供する売り場作りは、掘り出し物を探す喜びを提供します。消耗品などは、在庫整理も含めてたまにワゴンセール風に演出してみるのも良いかもしれません。「予定外の買物をすること」は男脳には単なる無駄遣い、あってはならない買物行動として理解されがちですが、女脳はそんな「想定外の買物」をしたいと思っているのです。モノとの出会いの演出テクニックも重要なマーケティング要素なのです。

買物脳の法則２　―スペックを手に入れたい男脳、イメージを買いたい女脳

男性の買物行動の２つ目の特徴は、スペックの検討を重ねることが、スムーズな購入につながるという点です。一見当たり前の購買行動に思えるこの流れは、女性の場合実は当たり前ではありません。

例えば、男性がノートパソコンを買う場合、ＣＰＵの速度、モニターの解像度、ハードディスクの容量、パソコン自体の重量やサイズ、拡張性など様々な要素を、様々な機種で比較検討することでしょう。しかし、女性の場合、「シルバーでスマートなデザイン。だからマックに決定！」のひと言でお

図2　イメージバリア

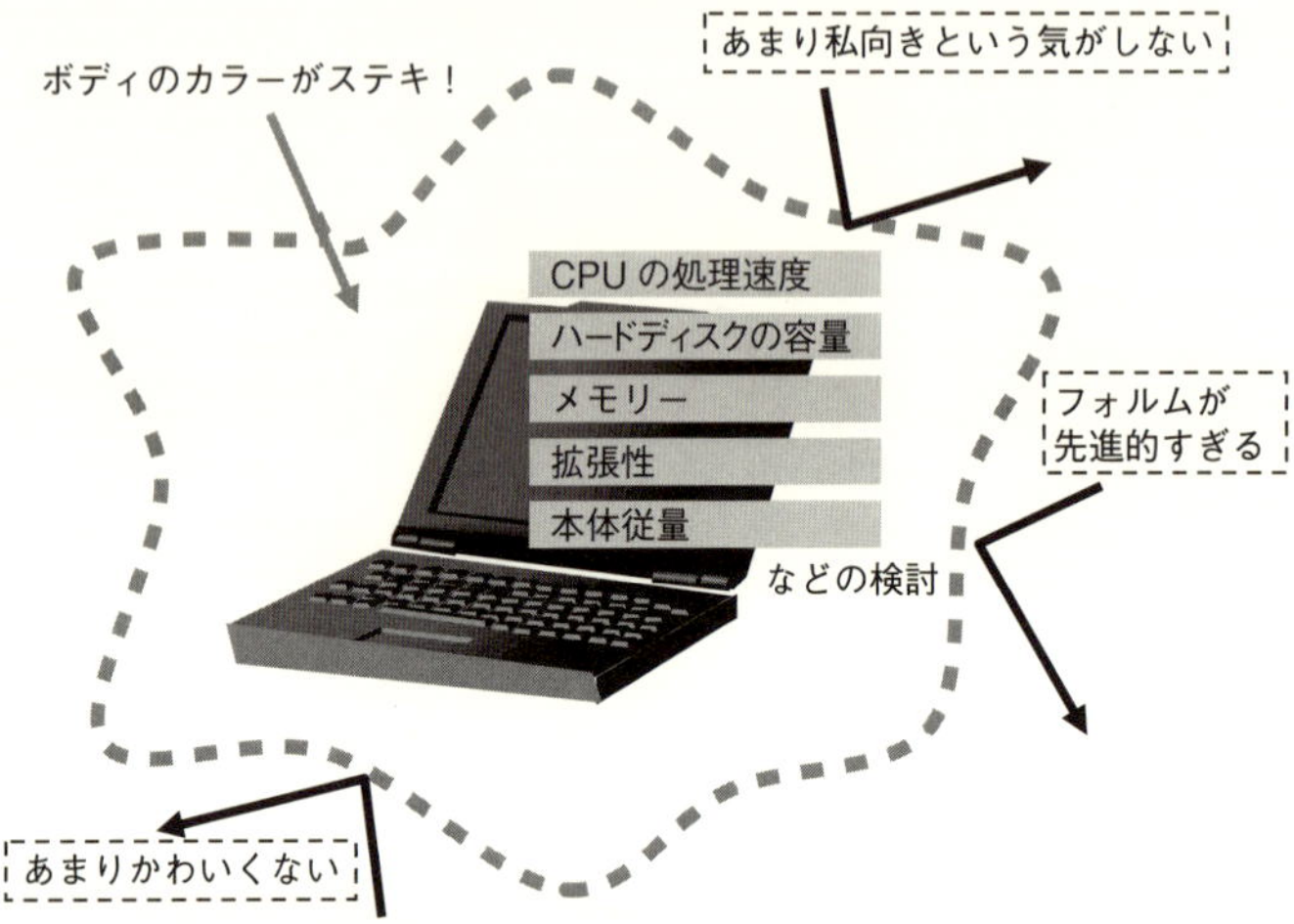
あまり私向きという気がしない
ボディのカラーがステキ！
CPUの処理速度
ハードディスクの容量
メモリー
拡張性
本体従量
などの検討
フォルムが
先進的すぎる
あまりかわいくない

買物が終了してしまったりします。高価なお買物であるはずの車でさえ、「あのメタリックなスカイブルーがとても気持ち良さそうで、これからのシーズン明るく過ごせそうかな?」で買っちゃったりすることもあるのです。パソコンや車の性能を吟味するのはその次の段階です。

●「イメージバリア」を突破しよう

この点を理解するには、「イメージバリア」なるものを想定するとわかりやすいと思います。女性のお客さまの場合、当然行われるべき流れだと考えている「スペック（部分）の検討」が為される前に、「商品をイメージ（全体）でとらえてしまう」段階が入ることによって、イメージバリアが張られてしまうことがあります。そのため、「スペック」の評価が検討されることなく、購入の検討対象から外されてしまう場合もあるというわけです。

営業マンは、自社の英知を結集した素晴らしい商品であればあるほど、商品の性能、機能の説明に終始しがちです。しかし、女性のお客さまが求めているのは、そんなことではありません。その商品が素晴らしいのは十分に理解できたけれども、世の中は、いまや素晴らしい商品ばかりなので、その商品がなぜ自分向きなのか教えて欲しいということなのです。女性客にとっては、感覚とかフィーリングなどと言われる要素が購入決定に大きな影響を及ぼしています。売りたい商品以上に、まずはお客さまへの興味を持つことが、イメージバリア突破のカギと言えます。

●カラーはセルフイメージ

色の捉え方にも男女差があります。男性が商品の色を、ＣＰＵの速度やエンジンの性能など他のスペックと同列で認識しているのに対し、女性はその他のスペックとは一線を画す、重要な自己表現要素として捉えています。例えば、携帯電話の色は基本的な性能には全く関係がなく、レッドでもメタリックブルーでも同じように機能しますが、女性の場合、「ワタシをかわいらしく見せてくれるパールピンクが無いから別の機種にしちゃった。」といった行動も発生してしまうわけです。

男性が商品を自分に対する「装備」のような感覚で買い揃えるのに対し、女性は「装飾」的な感覚で商品を選びます。女性に対しては、調理器具にせよ車にせよ、はたまた家でさえ、自分を演出する「装飾ツール」としての提案が可能なのです。

買物脳の法則3 ―理屈で買いたい男脳、ひと目ぼれしたい女脳

男性の買物行動の3つめの特徴は、論理的に買物行動を進められるという点です。法則の2と同様に、非常に当たり前のことと思われがちですが、女性の買物行動では論理的に進まないことも多々あるのです。

「このプリンターを選んだのは、デジカメで撮影したデータを、非常に高品質、高速で印刷できること。」といったように、男性は、商品やサービスの購入の目的が、他人にも理解できるように説明できるのが普通です。一方、女性はといえば、「このプリンターを買ったのは、なんとなくデザインが好きかなと思ったから。」とか「この腕時計？私を呼んでいたから。」など。もちろん、いまや英語でも通じる「KAWAII!」のひと言で買物が決定されることもよくあります。女性の場合、他人にはよくわけのわからないような言い訳が特徴ですが、この現象を「女性はピンと来る買物がしたいのではないか」と捉え直してみてはどうでしょうか。

●いま買う「理由」より買ってしまった「言い訳」が効く

プロモーションテクニックでよく言われる言葉に「いま買う理由を与えよ」というものがあります。男性には有効な「いま、なぜこの商品を買わなければならないのか」といった、いま買うべき「理由」は、そもそもひと目ぼれしたい女性にとっては動機付けにならないこともあるということです。「理由」を与える前にしなければいけないステップは、女性たちの「好きだから買いたい！」、「ピンと来たから買いたい！」といった気持ちに共感してあげることです。いま、買いたい気持ちを受け止めれ

ば、買う「理由」を「言い訳」として提供できることに気づきます。彼女たちは家に帰って「このケータイ、とってもかわいかったから。」といったような、とうてい夫には通じない購買理由ではなく「この携帯、ワンセグ対応だったし、料金プランもおトクになったから買ったのヨ。」といった、夫でもすんなり納得できる理由を羅列して、急場をしのぐことができるのです。

買物脳の法則４　―モノと戯れたい男脳、ヒトとつながりたい女脳

男性の買物行動における４つめの特徴は、売り場では、極力他人からの影響を排除し、商品の検討を遂行したいと望んでいる点です。家電量販店でよく見かける光景のひとつに、ひたすら1人でパソコンやカメラをいじり待続けている男性たちの姿があります。ひとしきりいろいろと触ってみてから、大仰にスタッフに声をかけると、すぐさま価格交渉に入るといった流れです。

一方女性はというと、冷蔵庫であれ洗濯機であれ、ひと通り商品を見てからはお店のスタッフと商品について話している時間が長いものです。残念なのは、男性スタッフは女性に対して「メカに詳しくはない、教えないと分からない」と思い込みがちで、ひたすら商品の性能や機能を羅列するというセールストークが多いことです。極端な例に、一緒にやむなくついてきただけの夫の方に視線を合わせ、使用するはずの妻は蚊帳の外といった状態の時もあります。「電気屋さんの店員さんは、なぜか私よりも主人に話しかける。」といった女性の不満も、買物行動についてのアンケートではよく聞かれるコメントです。買物主導権は、女性が握っていることが多いということを、いま一度思い出す必要が

ありそうです。

●あなたの心意気を買いたい！

重要なのは、女性たちが営業マンから聞きたいこと、知りたいことは商品の正確な情報だけではないということです。今やインターネットで正確な商品情報はいつでも手に入ります。彼女たちが聞きたいのは「あなたは何をお勧めしているの。それはなぜなの？」です。店舗スタッフ本人がどのような意気込みをもってその商品を売ろうとしているのか、といった店舗スタッフ本人のやる気すら気になります。店舗スタッフの熱意を応援したくなって、ついつい要らない商品まで購入してしまったりするのが女性たちなのです。

●ワタシを知って！

女性の場合、スタッフと仲が良くなると、商品を買わずに帰ったりすることも多々発生します。来店頻度のわりに購買金額が低いこのようなお客さまへの対応は、一見非効率な営業活動のように思えます。しかし、女性客を対象にしたお店でよく言われるのは、お客さまはモノに付くのではなく、人（担当者）に付くということです。スタッフが異動すると、異動先の店舗にお客さまも移動してしまいます。なぜなら、お客さまは、自分の好みやセンスをよく理解してくれていて、商品に対して抱く思いを自分と共有するスタッフからモノを買いたいと思っているからです。モノから始まったスタッフとの絆は意外と強く、固定客を維持するためには大切な要素なのです。

買物脳の法則５　—征服したい男脳　仲良くなりたい女脳

男性の買物行動５つめの特徴は、みなさまもご経験がおありかと思いますが、「イチバン」とか「最新の」や「世界初の」などの言葉に弱いことです。「デジタルカメラは画素数で選びました。その当時の最高解像度４００万画素をゲット。」とか「携帯ゲーム機の最新機種を、朝５時からお店の前に並んで、発売日に購入しました。」といった行動は、この「征服欲」を満たす買物行動の１つの例です。

一方女性はというと、「イチバン」を手に入れることより、「みんなと仲良くなる」ことに熱心です。「温泉旅行に行くと、お友達にお土産を買って帰る。」、「街で仲の良い友達が好きそうな小物を見つけたので買っておいた。」などは、女性同士の円滑なコミュニケーションを促進させるための買物行動の１つの例です。

●買物で仲良くなる

実はこの「手土産コミュニケーション」は、女性同士のコミュニケーションの必須スキルとも言えるものです。このコミュニケーションスキルのレベルにより、人を値踏みするのも女性の特徴のひとつで、その顕著な例が出張のお土産です。「○○さんのお土産はいつも同じものよね。」、「そうそう、その点××さんのお土産は結構気が利いている。変化に富んでいるし、切る手間がいらないお菓子くれるしネ。」などと、容赦ない判断が下っている場合もあるのです。言い換えれば、それほど女性はお友達や知人と共に買物の喜びを共有したいと思っているということ。その意味で、自分の喜びをおすそ分けしたいという気持ちから発生する「口コミ」は、女性に有効なプロモーション手法のひとつと

図３　買物脳度診断テスト

当てはまる四角にチェックをしてください。

No.	質問	はい	いいえ
1	いやなことがあったときなど、買物でストレス発散をすることがある。	□	□
2	具体的な用途や明確な効果を考えた上で買い物をすることが多い。	□	□
3	出張や旅行に行ったとき、友人にお土産を買って帰ることが多い。	□	□
4	モノ選びの際、他人のモノよりも「優れていること」が選択基準になることがある。	□	□
5	商品説明やお奨めをしてもらうなど、店員と会話するのは難なくこなせる。	□	□
6	なぜ自分がその商品を選んだかについて、他の人に論理的に説明できる。	□	□
7	カラーバリエーションがたくさんあると、それだけで嬉しくなる。	□	□
8	どの商品を買うかについての最終判断は、店員のアドバイスを参考にするよりも、自分一人で決定したいほうだ。	□	□
9	モノが自分を呼んでいるという買い物経験が１度ならずある。	□	□
10	デジタル関係やメカ物などの新商品については、まず「機能」「性能」が気になる。	□	□
11	少し高い物でも、パッケージやネーミングが気に入っただけで買ってしまう。	□	□
12	「機能」「性能」が良ければデザイン、カラーは二の次だ。	□	□
13	買い物に行ったあと、店や買ったものの話を友達との話題にすることがよくある。	□	□
14	商品をスペックでとらえることが多く、イメージで購入する事はあまり無い。	□	□
15	会社、学校からの帰りに用も無いのにお店に立ち寄ってウィンドーショッピングする事がある。	□	□
16	値引き交渉以外で自分から店員に相談を持ちかけることはあまりない。	□	□
17	自分の好みや趣味を把握してアドバイスをしてくれる店員のいる店を持っている	□	□
18	買いたい商品の性能・機能の検討を行っているうちに買い時を失ってしまい、買わず仕舞いになることがある。	□	□
19	福袋やセット物に弱い方だ。	□	□
20	商品の機能や性能が価格に見合っているかどうかを常に検討しつつ買い物を行っている。	□	□
21	自分へのごほうびという名目で買物をすることが良くある。	□	□
22	買い物に行くのは、主に買うものが決まっている時だ。	□	□
23	訳もなく、ちまちました雑貨などを「かわいい」というだけで買ってしまうことがある。	□	□
24	彼･彼女･家族などに「やめといたら」と言われても欲しい物は買う方だ。	□	□
25	店員の人の良さ、ひたむきさに惚れ込んで、余り欲しくもないものを買ってしまった事がある	□	□
26	通り掛かりのお店に入ってみることを躊躇する事が多い（飲食店以外）	□	□
27	気に入ったものを見つけると、衝動買いしてしまうことが多い。	□	□
28	小物を沢山買うより、大きな物を一つ買う方だ。	□	□
29	友人のクチコミで商品を買うことが良くある。	□	□
30	自分が買ったものより進んでいる／性能の高いものを友達が持っていたら、悔しいと思う。		

☑の数はいくつでしたか？（　　　）個

図４　買物脳診断票（男性向け）

☑が21個〜30個→買物脳度70%〜100%　買物梗塞

買物がつらいと感じているのではないですか？　長期にわたって何を買ったら良いのかを検討しすぎて「買い時」を失ったことが１度ならずあるはず。買い物の男脳度が異常に高いアナタは、実に計画的、合理的に買い物行動が遂行できる反面、人に誇れる獲物を目指す余りストレスを溜めがち。もっとリラックスしてお買物を楽しみましょう。

☑が18個〜20個→買物脳度60%台　買物硬化症

世の男性の標準的な買い物行動です。お買物はとても合理的で論理的でしょう。失敗しない買い物にこだわっていませんか？　買い物のパターンが決まっているため、ウキウキする買い物体験は少ないはず。ちょっとリラックスして、新しい買物にチャレンジしてみませんか？

☑が15個〜17個→買物脳度50%台　買物成人病予備軍

買い物経験は豊富とは言えませんが、「成功した」と思える買物が多いのが特徴です。買い物にも自信をお持ちのことでしょう。情報武装は完璧ですので、たまには彼女や奥様のお買い物に付き合って、さらなる買い物の奥義を身につけましょう。自己流の買い物ばかりだと知らぬ間に買物脳が硬化してしまう傾向があるので要注意。

☑が12個から14個→買物脳度40%台　買物軟化症

女脳の買い物行動の要素を持っているあなた。ハイブリッド買物脳と言えます。結構買い物上手で、理屈にとらわれず商品選びを柔軟にこなす能力があります。これからも楽しい買い物を!!

☑が6個〜11個→買物脳度20%〜30%台　買物うなされ熱

アナタは男性にしては買い物好き。熱に浮かれたような楽しい買い物」を求める心持ちがあるため、世の男性の疲弊の素である「彼女や奥様との長時間ショッピング」もお手の物、彼女や奥様の買い物の友でもあるはず。買い物を楽しめる反面、無駄遣いも起こりがち。後悔の無い買い物を心がけましょう。

☑が0個〜5個→買物脳度0%〜10%台　買物麻痺

若い女性と一緒にお買物できそうです。でも、費用対効果を考えずに気に入ったものを買い漁ってはいませんか。もしアナタが一家の大黒柱なら大ピンチ。一時の気の迷いで物事を決定せずに、もう一度買い物を見直してみることも必要では？　アナタの最良のパートナーはもしかしたら、買い物脳の男脳度がとっても高い方かもしれません。

図5　買物脳度の割合（2001年）

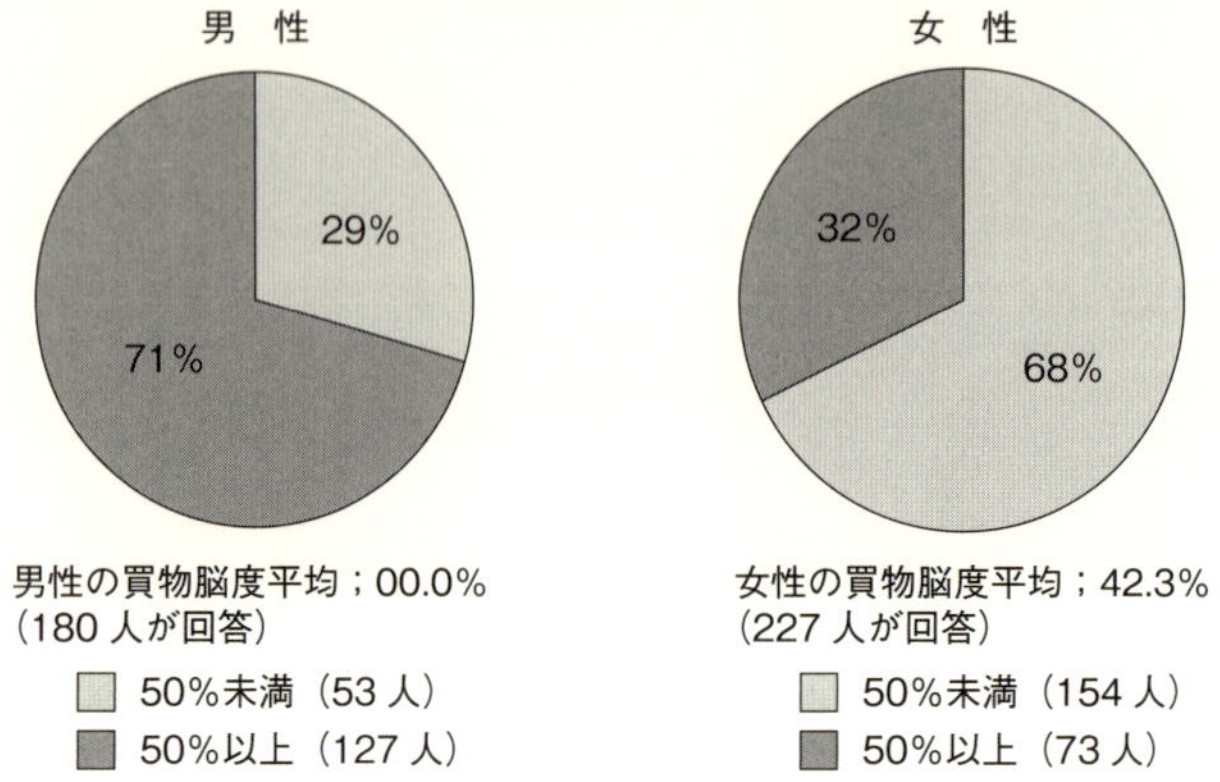

言えるのです。

あなたの買物脳度は？

日頃のみなさまの行動に対して、知らぬ間にOL達の容赦ない審判が下っているとなると、ますます無関心ではいられない「買物デバイド」。女性たちの買物脳とあなたの買物行動はどのくらい違うのでしょうか。そもそも、男性と女性とで買物行動はどのように違うのでしょうか。前の頁の「買物脳診断テスト」でチェックしてみましょう。30問の質問に「はい」か「いいえ」にチェックを入れてください。チェックの数を数えるとあなたの買物脳度（男脳度）が計算できます。「買物脳診断テスト」の結果はテストの次の頁にある診断票でご確認ください。

このテストは、「買物脳5つの法則」ごとに男性的な買物行動と女性的な買物行動の例を各3つずつ記載したものです。黒い四角が15個で、ちょうど買物脳度（男脳度）50％ということになります。

図６　買物脳度年代別平均

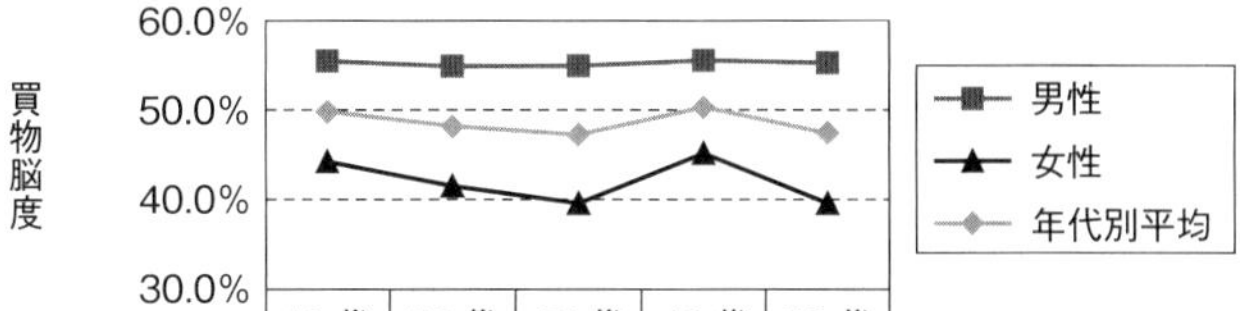

	10代	20代	30代	40代	50代
男性	55.4%	54.9%	54.9%	55.5%	55.2%
女性	44.2%	41.5%	39.6%	45.2%	39.6%
年代別平均	49.8%	48.2%	47.2%	50.3%	47.4%

年代

２００１年に実施した調査結果をご紹介します（注１）。図５に示したのは、買物脳度が50％以上か、50％未満かで塗り分けたグラフです。男性の場合、黒く塗りつぶされている買物脳度50％以上の部分が71％だったのに対して、女性では灰色の部分、買物脳度50％未満の割合が68％でした。全体の70％程度の人の行動を「普通の行動」と捉えると、男女の「普通」の買物行動が異なることがわかります。男性の約７割が男脳的な買物行動をとりがちなのに対して、女性の約７割は女脳的な買物行動をとっている、というわけです。

年齢によっても買物脳度は異なるのでしょうか。調査では、10代から40代の男性を比較した場合、買物脳の値に変化がなく、おおよそ55・２％であることがわかりました。一方、女性では、10代から30代までは年齢が高くなるほど買物脳度が低くなり、女脳的な買物行動をとるようになりますが、40代になると一時的に買物脳度が高くなり、50代になると再び買物脳度が20代と同程度の買物脳度に低下することがわかりました。

男性では年齢による買物脳度の変化が見られないのに、女性には見られるその理由は、主婦となった女性たちが、家庭の買物の責任を強く意識する時期があるためと考えられます。主婦に対する調査では(注2)、主婦が夫の小遣いも含めて家計を管理している家庭の場合は全体の74・5%で、夫から一定額を預かって管理しているパターンも含めると主婦の90%が家計管理を任されています。子供の教育費などがかさむ40代主婦は、家計財布の紐もしっかり締めなければなりません。50代になって子離れも終了すると、また自分のためのお買物にも時間を費やすことができるようになり、本来持っている女脳的な買物欲求が再び眼を覚ますことになるわけです。

ここで注意したい点は、女性はライフサイクルの中で1番買物脳度が男脳的になる40代であっても、40代男性よりは10・3ポイントも女脳的だということです。

買物行動とは何か

ここで、買物脳という考え方を使って買物行動をどのように捉え直すことができるかを考えてみることにしましょう。

まず、「買物脳5つの法則」の男脳部分を整理してみると、「効率を買う」、「スペックを買う」、「理屈で買う」、「店ではモノを精査し、自ら判断する」、「ナンバーワンを買う」といった買物行動は、厳密に商品の価値と価格を比較検討することにより遂行できる買物行動だということがわかります。同じ条件下であれば、誰でもが同じ商品やサービスを選択できる点から、「絶対的な買物行動」と言い換えてみることにします。

図７　買物脳でとらえる買物行動

男脳型の買物（絶対的な買物）が、女脳型の買物（相対的な買物）に包まれる形になっている。

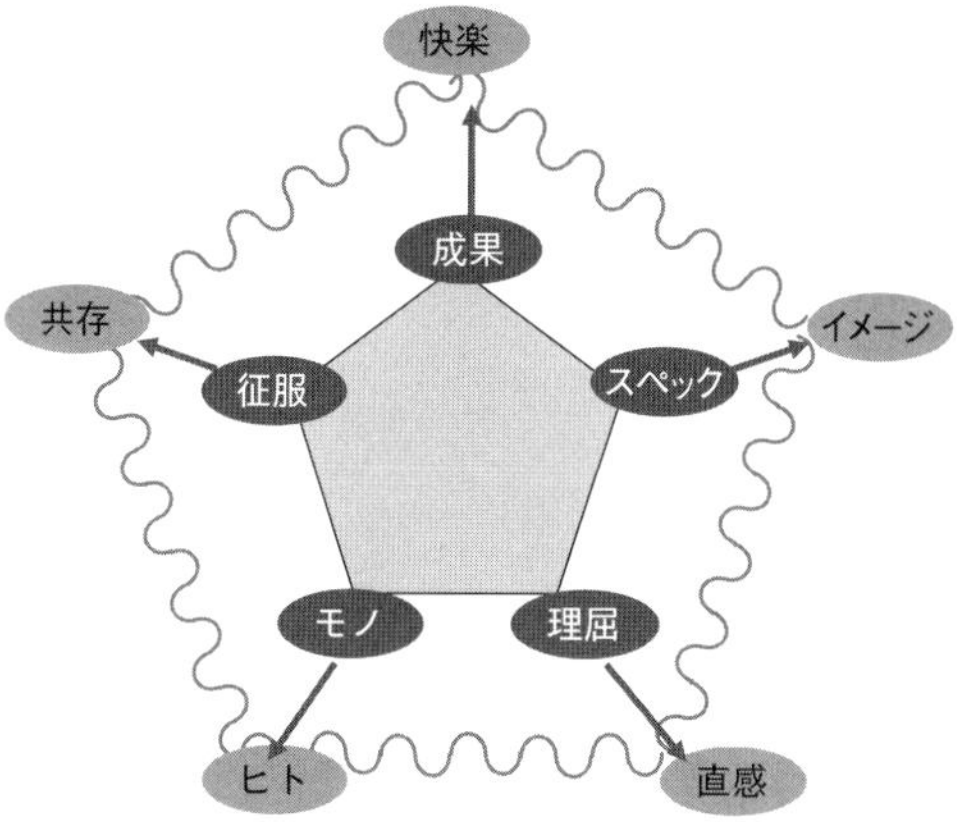

同様に、女脳的な買物行動の部分を整理してみましょう。「楽しく買いたい」、「イメージを買いたい」、「私にぴったりが欲しい」、「ヒトがどう感じているのか知りたい」、「みんなと仲良くなれる買物がしたい」といった要素は、全て、判断する人の感じ方次第で全く結論が変わってしまう買物行動だということが分かります。女脳的な買物行動を、男脳的な「絶対的な買物行動」に対して、「相対的な買物行動」と言い換えてみます。

この２つの買物行動について、絶対的な買物行動の周りを相対的な買物行動が取り巻いている状態と整理してみました。この図は、買物とは商品の絶対的な価値と同時に、個人個人で異なる商品との関係性を購入する行動であることを示唆しています。

快楽消費の時代

さらに、改めて自らの買物行動を振り返ってみても、私たちの買物行動が、日常生活に不可欠な生活用品を購入する必要に迫られて行なわれているというより、レジャーに等しい行動であることは、いまさら繰り返す必要もないと思います。いま買わなくてはならない買物がめったに行なわれないのが、今日の日本での買物なのです。まさに現代は、「快楽消費の時代」(注3)であり、買物は立派なレジャーだと認識することが大切です。「快楽消費」の時代において、消費者が求めているのは、誰よりも効率的に高品質の商品を手に入れるということだけに留まらないということです。消費者にとってよりメリットの高い買物行動とは、限られた予算でどれだけ買物の心理的満足(楽しかった、ワクワクした、面白かった、スリルがあった、などなど)を得られるかにかかっているのです。モノ不足の時代に消費者が望む買物が、絶対的な買物の部分を満たす「賢い買物」であったのに対し、快楽消費時代の現代において消費者が求めている買物は、相対的な買物行動の部分をも満たす「人それぞれが楽しい、うれしいと感じる買物」だということなのです。

楽しい!うれしい!と感じる買物とは?

では、現代の消費者が望む楽しい買物を、どのようにお客さまに提供すれば良いでしょうか。

「絶対的な買物」は、誰が判断しても納得のいく客観的な情報と論理的な流れから、他人に対しても説得力のある買物行動と言えます。それに対して、「相対的な買物行動」の部分は、同じ商品であったとしても、消費者の感じ方如何で購入されるモノや商品の価値が異なることを意味しています。つまり、極端に言えば、お客さまの数だけ楽しく感じる買物があるというわけです。

　このような状況に対応するため、マーケティングの書籍で繰り返し言われるように、「メーカー視点でのマーケティング発想を顧客視発想に切り換えること」が必要になります。最初のステップとしては、「絶対的な買物行動」に対する満足度を上げるため、お客さまの購入履歴（サービスのカルテなど）を整備し、それに基づいたサービス提供を行なうことです。お客さまの、いまの暮らしの「不」の部分をなくす商品やサービスの提供などがこれにあたります。

　その次が、「相対的な買物行動」の満足度、商品やお店のスタッフとの心理的な満足を高める段階です。このステップで必要なのが、お客さまがモノやサービスの決定に至った過程を把握することです。「なぜこの商品を選んだのか」を突き詰めて理解することや、お客さまが何に対して「楽しい」、「うれしい」、「満足だ」と感じているのかを把握することが大切です。「考える買物」を「感じる買物」に変えて行くことで、お客さまのお買物満足度が高まるのです。

２・「ハー・フェイス６」でイマドキの主婦をキャッチ！

イマドキの主婦

　ここでは、家庭の買物の実権を握るイマドキの主婦たちに、どのようにアプローチしていけば良いのかを考えてみたいと思います。「主婦」とひと言ではくくれないほど、主婦は多様化していると言われていますが、実際はどうなのでしょうか？主婦の暮らし方の意識の違いを、６つのパターンで捉えてみたいと思います。本来は、お客さま一人ひとりに対応したパーソナルなマーケティング活動が必要ですが、現実にはなかなか個別対応は難しいものです。いまからご紹介する「ハー・フェイス6」を活用して、主婦の6つのクラスターごとに、共通のマーケティング手法を活用して効率的に販促活動を進めてみるのも良いかもしれません。

主婦の6つの顔

今回の調査では(注4)では、主婦を年齢と就業形態により、6つのタイプに分けることができました。一部の専業主婦およびパートタイマーの主婦は、おおよその年齢から「タイプ1・ラブママ主婦」、「タイプ2・ナノ主婦」、「タイプ3・主婦キング」、「タイプ4・パラダイ主婦」の4つのタイプに分けることができます。また、フルタイムワーカーの主婦と一部の専業主婦は「タイプ5・セレ&キャリ主婦」、「タイプ6・チャリキャリ主婦」の2つに分類することができます。

次頁の図は、6つの主婦タイプをマッピングしたものです。マップの左下から右上に引いた直線の左上部に、一部の専業主婦およびパートタイマーの主婦層、右下部に一部の専業主婦とフルタイムワーカーの主婦とに分かれています。それぞれの主婦タイプごとに、特徴を見ていきましょう。

●タイプ1…ラブママ主婦

典型的な「ラブママ主婦」は、「28才の専業主婦L美。寿退社して、いまは3歳の娘の育児に没頭中の専業主婦。専業主婦だからといって、ファッションに対する興味を失っているわけではなく、子育ての

図８「ハー・フェイス６」マップ

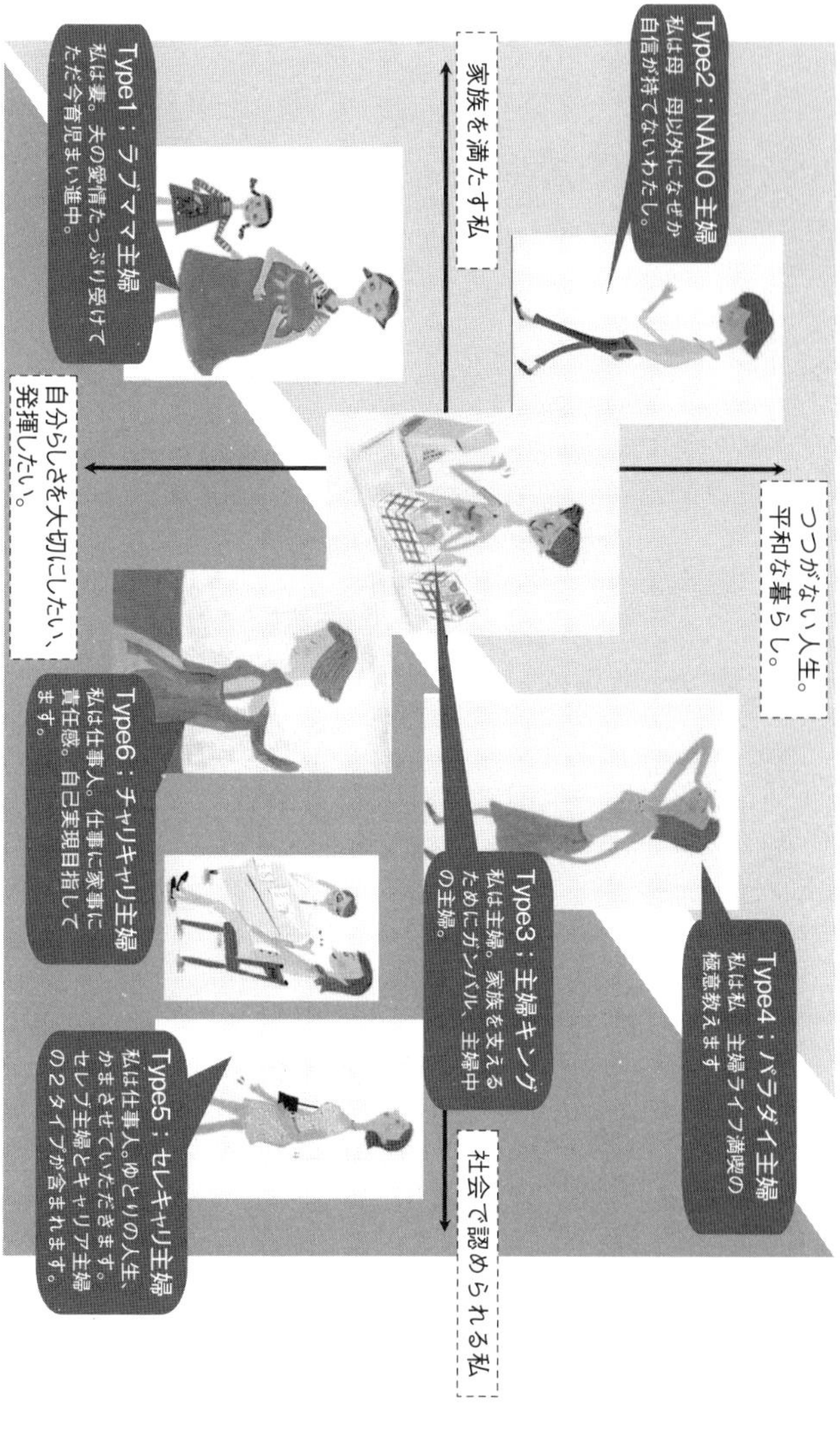
家族を満たす私
社会で認められる私
自分らしさを大切にしたい、発揮したい。
つつがない人生。平和な暮らし。
Type1；ラブママ主婦
私は妻。夫の愛情たっぷり受けてただ今育児まい進中。
Type2；NANO主婦
私は母　母以外になぜか自信が持てないわたし。
Type3；主婦キング
私は主婦。家族を支えるためにガンバル、主婦中の主婦。
Type4；パラダイ主婦
私は私　主婦ライフ満喫の極意教えます
Type5；セレキャリ主婦
私は仕事人。ゆとりの人生、かまさせていただきます。セレブ主婦とキャリア主婦の２タイプが含まれます。
Type6；チャリキャリ主婦
私は仕事人。仕事に家事に責任感。自己実現目指しています。

合間にネットでのチェックは欠かせない。あまりに子育てばかりに追われているためなのか、ついつい子供のしつけの責任は社会にもあるかなと思ってしまったりする。夫の年収は400万円程度。夫を支えるパートナーとして、家事は私がしっかりこなしています。」という感じです。また、「ラブママ主婦」の世帯年収は200万円から600万円程度までと幅が広いことから、「乳幼児を持つ」という条件が、特定のライフスタイルを決定する要因になっていることがわかりました。今回の調査では、回答者の33%が3歳以下の乳幼児を持つ主婦であったことからか、「ラブママ主婦」は全体の49%を占める1番大きなクラスターとなりました。

●タイプ2…ナノ主婦

「ナノ主婦」の「ナノ」はNo Action No Obligationの頭文字から採りました。文字通り、行動力がなく主婦としての義務もあまり積極的に果たそうとしない主婦たちのことです。典型的な「ナノ主婦」像は、「42歳の専業主婦N子。幼稚園に通う娘と小学校3年生の息子がいる。最近、「M雄ちゃんのママ」でしかない自分になんだか張り合いがないと感じている。自分のやりたいことも見つからないし、OLを辞めて久しいからか、社会とのつながりが希薄な気がする。ファッションへの興味も失せてきた。家計管理も実は苦手。いつのまにか夫がしっかりと管理するようになった。夫に対してあまり包容力も感じないし、パートナー意識も薄れてしまった今日この頃…。」となります。今回の調査では、実に主婦の4分の1が、何ごとにも積極的になれない「ナノ主婦」でした。

タイプ3…主婦キング

「主婦キング」層はその名のとおり、主婦の中の主婦というわけですが、全体に占める割合は11％程度に留まりました。典型的な例は「35歳の主婦Ｃ子。１番下の子供が小学校に入って子育てがひと段落したため、近所のスーパーでパートを始めることにした。もちろん年間の収入を１０３万円以下に抑えるという節税対策も怠らない。やりくり上手を自認していて、夫の小遣いも含めて家計管理を行なっている。でも、得意なのは節約系。夫から任されている家計に損害を与えるのは怖いので、投資には興味はない。」という感じです。彼女達の特徴は、夫の小遣いも含めて家計をきっちり管理していること、子供のしつけの責任は親にあると感じている点です。家のことは何でも任せて安心の太っ腹母さんは、現代にもほんの少しですが存在するようです。

タイプ4…パラダイ主婦

「パラダイ主婦」というネーミングが示すとおり、パラダイスとも言える主婦生活を送っているのがこの層です。典型的な例は「51歳の専業主婦Ｐ子。１番下の子供はもう高校生。あまり手がかからないどころか会話もほとんどしない毎日。夫の年収は１０００万円以上あるので、ゆとりのある暮らしを送っている。家計管理は私がやっているけれど、一定の生活費を毎月夫からもらっているだけ。夫が自由に使えるお金がいくらあるかは全く知らない。亭主元気で留守が良いとはよく言ったもの。今日はお友達とホテルバイキングに行く予定。今から週末のバスで行く箱根１泊旅行が楽しみ。」そんなオキラクな主婦たちは、今回の調査では４％に留まりました。

●タイプ5…セレ&キャリ主婦

全体のたった1%と「パラダイ主婦」よりもボリュームは少ないものの、イマドキの主婦を語るのに欠かせないタイプがこの「セレ&キャリ主婦」です。「セレ&キャリ主婦」層は、実は専業主婦の「セレブ主婦」とフルタイムワーカーの「キャリア主婦」の2つの異なる層で構成されています。どちらにも共通する要素は世帯年収が1500万円以上であること。つまり、自分が全く稼がなくても夫が1500万円以上を稼ぐリッチな専業主婦と、自分の年収が400万円以上で、夫の収入と合わせて世帯年収が1500万円以上の、家庭のフルタイムワーカーの主婦たちです。2つの層は厳密に見れば、異なるライフスタイルであることは容易に想像がつきますが、2つの層を合わせて全体の1%程度にすぎないことから、「富裕層」としてまとめました。

2つの層の共通点は、どちらもゴルフと極めて近い関係にあることとです。裕福な専業主婦は夫と一緒に楽しめる趣味としてゴルフを習い、キャリア主婦は、営業などに活用できるビジネススキルとしてゴルフを習っているというわけです。

●タイプ6…チャリキャリ主婦

「チャリキャリ主婦」とは、自転車の前に取り付けた椅子に子供を乗せて、通勤途中に保育園に預けて行く忙しい主婦のイメージからつけたものです。典型的な例は、「商社に勤めるC子。同僚は子供ができると次々と会社を辞めて行く。私は子育ても自分のキャリアも大切だと思ったから、産休後スグに職場に復帰した。自分磨きのため、英会話教室とヨガにも通っている。投資にも興味津々。残業をすることも多いから、なかなか家で夕食を作る時間も気力もなくて、外食が多くなりがちなのは仕方ないと思っている。でも、たまに季節感たっぷりの手作りメニューで挽回しているつもり。家計管理は、夫は家賃や光熱費、私は食費といった感じに分担してやりくりしている」となります。

彼女たちの特徴は、家計管理の方法です。家計の項目ごとに夫と分担しているパターンや、一定額を出し合って家計の財布を作って管理しているパターンなど、いろいろなパターンはあるものの、共通しているのは家計の担い手としての自覚が見られる点です。子供を持つ主婦もいるものの、「チャリキャリ主婦」は「子供無し」というキーワードと関連性を持つクラスターであるという点も、忘れてはいけない特徴になります。今回の調査では９％の主婦がこの「チャリキャリ主婦」でした。

主婦タイプが異なると？

「１・「買い物脳」…」の項目で、お客さまの「なぜ」を理解し、共感することからマーケティングが始まると述べました。６つの主婦タイプのおおよその暮らしぶりがわかってきたところで、これら主婦たちのターゲットごとのマーケティングについて考えるには、彼女たちが、なぜそのような暮らしぶりを望んでいるのかを、主婦の持つ様々な役割に着目することから探ってみたいと思います。

今回の調査では、主婦の役割を、「私」、「主婦」、「母」、「妻」、「自分の職業」と設定し、これら５つの中から、「私は○○です。」の○○に入れたい役割をひとつだけ選択してもらいました。その結果、彼女たちが重要視している自分の役割と、主婦の６つのタイプとが非常に高い関連性を持つことがわかりま

図9　主婦の役割選択割合（1,022人にアンケート）

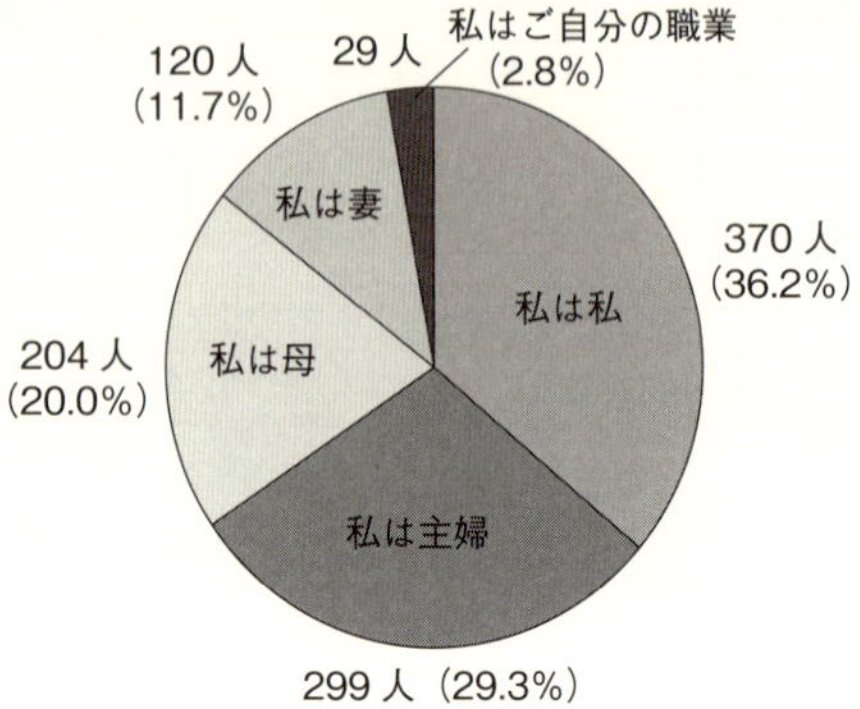

した。

1番多くの主婦が選択したのは「私」という役割で、36・2%。以下「主婦」、「母」の順でした。

各主婦タイプと高い関連性を持つ役割は次のとおりです。

◆タイプ1…ラブママ主婦→「妻」
◆タイプ2…ナノ主婦→「母」
◆タイプ3…主婦キング→「主婦」
◆タイプ4…パラダイ主婦→「私」
◆タイプ5…セレ&キャリ主婦→「自分の職業」
◆タイプ6…チャリキャリ主婦→「自分の職業」

これらのことから私が言いたいのは、主婦タイプごとに年齢や就業形態や世帯年収が異なることにのみ着目するのではなく、彼女たちが重きを置きたい役割が異なる点に着目することが大切だということです。彼女たちの「ホンネ」の気分をつかんだ上で、彼女たちの生き方、暮らしぶりをサポートするマーケティング活動を行なうべきだと考えます。

「タイプ1・ラブママ主婦」たちは、乳幼児を抱えています。

育児に1番時間を割かれるこの層で、「母」よりも「妻」と関連が高かったのはなぜでしょうか。彼女たちのホンネは、「母」でい続けるつもりはないからではないでしょうか。育児が終わったら何らかの形でまた社会に復帰したいと考えているのが彼女たちだと思います。

「母」という役割と密接な関係を持つ「タイプ2・ナノ主婦」の場合はどうでしょうか。今回の主婦調査に先立って実施した別の調査で(注5)、主婦たちに「私」に対するイメージを自由に回答してもらったところ、1番多かった回答が「自由」75名、以下「自分自身」28名、「個人」25名、「なし」22名でした。「なし」が何を意味しているのかが、調査実施当時はよくわからなかったのですが、いまは「ナノ主婦」の心理状態と関連があるのではないかと感じています。「○○ちゃんのママ」でしかない自分に自信が持てず、自分がこれからどう生きれば良いのかわからないまま日々を過ごしている主婦が、日本の主婦の4分の1を占めるという現実は、主婦をターゲットとしたマーケティングを考える上で重要な視点だと思います。

「主婦キング」は、自分の役割を「主婦」だと認識しています。しかし、当の主婦たちに「私」のイメージ同様、「主婦」のイメージを自由にあげてもらったところ、1番多かったのが「家事」54名、以下「大変」21名、「おばさん」17名、「忙しい」12名と続きます。何よりも主婦たち自身が、主婦に対して、「家事にいそしむおばさん」といったうれしくないイメージを抱いていることがわかります。そんな中、「主婦キング」が自分たち自身を「主婦」だと認識しているということは、イマドキの大多数の主婦たちが、眼を白黒させて「私」探しをしている中、家族の喜びや楽しみに生きがいを感じている「ガンバル母さん」がしっかりと存在しているということです。彼女たちはガンバル自分をもっと褒めてもらいたいものだとひそかに感じているかもしれません。

「パラダイ主婦」は、「私」という役割と近い関係にありました。子供からも夫からも解放されて自由に生きたい。もっと言えば「失われた20年を返して！」などと思っているかもしれません。彼女たちは「自由なワタシ」を実感できるひとときを待ち望んでいるのです。

「セレ&キャリ主婦」「チャリキャリ主婦」は、自分の役割を「自分の職業」として捉えています。彼女たちが「妻」、「母」、「主婦」など様々な役割をこなしつつも、自分の社会的なキャリアを向上させるなど、社会の一員としての自分を築きたいと願っている気持ちをも組み込んだマーケティング活動が大切なのだと思います。

現代の主婦たち

次の図8にも示した「ハー・フェイス6」マップをもとに、次頁の図10で、イマドキの6つの主婦タイプの関連性を見てみましょう。マップの左下から右上に向かう直線上にある「ラブママ主婦」や「主婦キング」から「パラダイ主婦」への推移は、高度経済成長下の日本ではよく見られる光景でした。「私もいつかは部長の妻」といった夢を、極端に言えば誰でもが持てる時代だったのです。サラリーマンである夫は年功序列という制度の下、年齢が増すと収入が増すことになり、専業主婦たちのほとんどはゆとりの主婦ライフを送ることができたため、「ラブママ」→「主婦キング」→「パラダイ主婦」への三変

図 10　現代主婦の実像

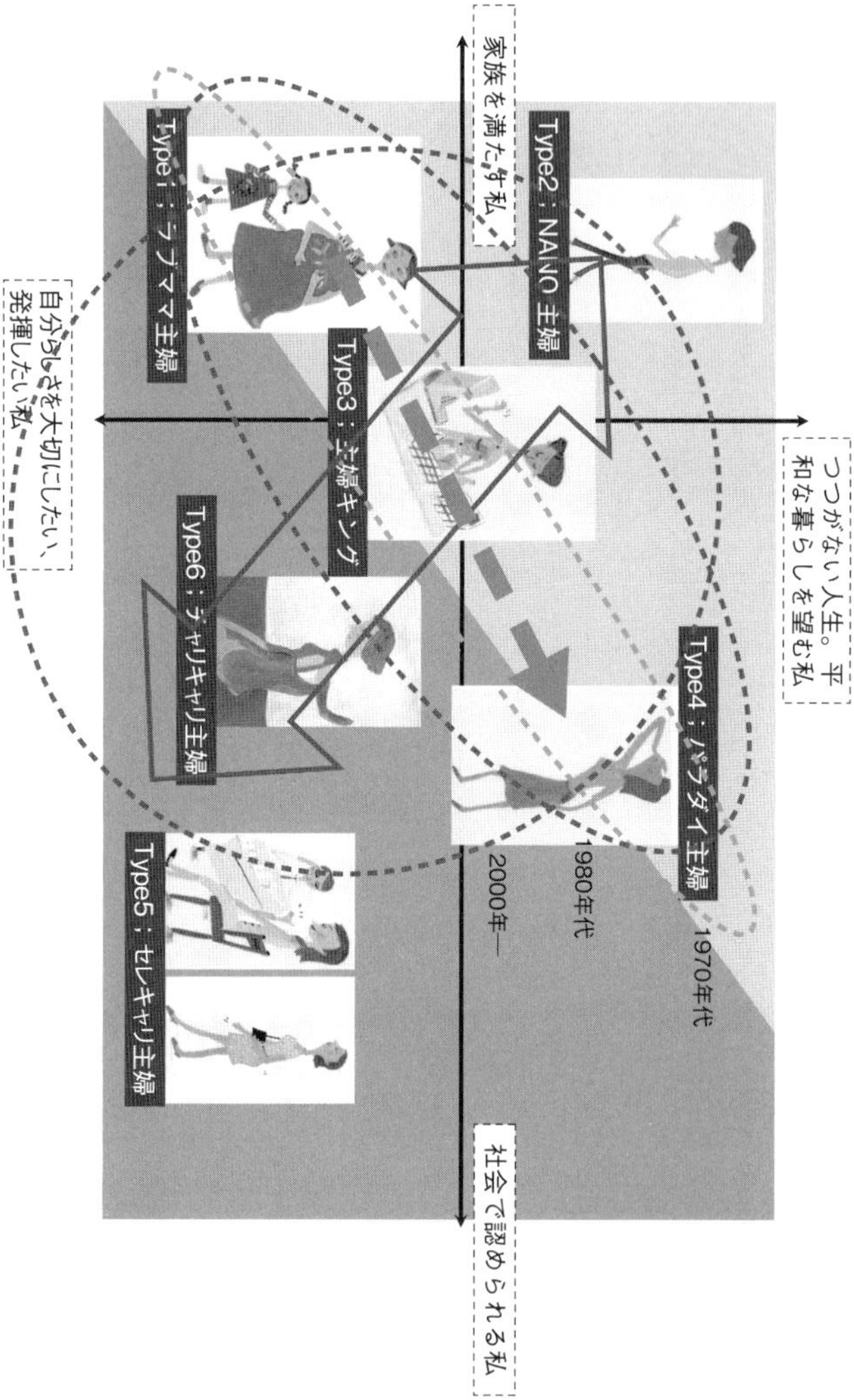
家族を満たす私
社会で認められる私
自分らしさを大切にしたい、発揮したい私
つつがない人生。平和な暮らしを望む私
Type1：ラブママ主婦
Type2：NANO 主婦
Type3：主婦キング
Type4：パラダイ主婦
Type5：セレキャリ主婦
Type6：ジャリキャリ主婦
1970年代
1980年代
2000年—

化で主婦を捕らえることができました。

80年代後半になると専業主婦黄金期は過ぎ、男女雇用機会均等法のもと、女性の社会進出が加速度を増します。子育てをしながらフルタイムで働くチャリキャリ主婦の登場です。そしてそれから約20年後の現在、男性同様のキャリア、それ以上のキャリアを築き上げた高収入の女性たち「セレ＆キャリ主婦」が登場し、マスコミで脚光を浴びるようになります。

それらキャリア層に光が当たる反面、自分たちの人生に自信が持てず、子育て後の自分の人生に悲観的になっている主婦が「ナノ主婦」だと捉えると、彼女たちの憂鬱が理解できます。「ナノ主婦」の存在は、子供を産むことで自分のキャリアをあきらめざるを得なかった主婦のため息や、育児がひと段落した後の社会復帰がままならないことを、身をもって体験した主婦のうめき声とともに、女性の持ったくさんの「顔」を輝かせることに寄与しない、現代日本の社会システムの実態を改めて痛感させられました。

3・主婦を輝かせるエネルギーのために

多様化する暮らしぶりとその意識に迫る

最初の「1・「買物脳」で女性の…」の項目で女性と男性とでは買物心理や行動がどのように違うのかを見てきました。まとめると、もはや買物行動とはレジャーのひとつであり、商品やサービスと同時に、ワクワクする楽しい関係性を購入することだということ。快楽消費時代のいま、商品の性能や機能をお客さまのセンスといった感覚的な視点で捉え直した提案が望まれているのです。その提案には、まずお客さまを知ることが大切であり、定性調査からのデータも重要度を増していることもお話ししました。

次の「2・ハー・フェイス6」の項目では、イマドキの主婦たちを6つのタイプに分けた上で、それぞれの主婦たちの暮らしぶりと共に、彼女たちがどう生きたいと思っているのかといったホンネを探ってみました。6つのタイプの主婦たちが重要視する役割に着目することで、彼女たちが目指す自分、目指す生き方をイメージングしたマーケティング活動が有効なのではないかということをお話ししました。

主婦の6つの顔を輝かせよう

最後に、女性のライフサイクルと買物行動の関係を見てみることにしましょう。

女性の買物脳度は、20代から30代にかけて女脳度が増し、本来自分がしてみたい買物行動をとりますが、40代になると一時その行動はやや男脳的になります。その原因は、家を切り盛りする主婦として、家計をしっかり管理する責任があるためだということは「1・「買物脳」で女性の…」でお話ししたとおりです。

このような、買物脳度の微妙な変化と、今の主婦たちがいくつかの役割の重要度を判断しつつ、バランスよくその時1番の顔（役割）を決める作業には、関連があるように思えます。男性の場合、「父」、「私」、「主夫」、「自分の職業」、「夫」の中から1つ選ぶ場合、大体の方が「自分の職業」を選ぶことでしょうし、ライフサイクルによって様々な役割を微妙に調節しなければならない作業も、女性ほど労力の要る作業ではないと推測できます。「職業」がメインであることは、「主夫」業を選択するといったことがない限り変わりませんから、定年を迎えるまでは、「職業」にサブの役割のどれかを加えるといった調節です。このことは、男性の買物脳度が10代から50代までほぼ一定の値を維持していることからもわかります。

しかし、女性たちの場合は、人生の大きなイベントである結婚、出産などでメインに来る役割の切替えを迫られます。フルタイムワーカーである「チャリキャリ主婦」が出産を迎えると、出産後に職場に復帰することがなかなか難しく、未来の自分に希望が見えない「ナノ主婦」が大量に発生している。こんないまの状況を打開することこそ、日本という国にとって必要なマーケティング視点なのではないでしょうか。

エネルギーにできること

これからは自分の家で使うエネルギーを自由に選択できる時代です。ガスで発電ができる家に住むこともできますし、オール電化という選択もできます。未来の地球のために、未来の自分や子供たちのためにどのようにエネルギーとつき合っていけば良いのかを、もっと主婦たちは知りたがっているのではないでしょうか?

さらに言うならば、電気やガスといったエネルギーは、人間の暮らしに無くてはならない数少ない買物のひとつであることを改めて見つめ直すことから、いくつもの役割をこなしつつも、「私」を生き抜きたいという主婦たちの思いを共有し、主婦達の確固たる人生の基盤づくりをサポートしていただきたいと心から願っています。

〈注釈〉

（注１）買物脳度に関するインターネット調査より。２００１年（株）博報堂実施。サンプルは、男性１８０名、女性２２７名、合計４０７名。

（注２）主婦に関するインターネット調査より。２００５年10月（株）ハー・ストーリィ実施。サンプルは主婦１０２２名（内専業主婦５９６名）。調査概要については、（株）ハー・ストーリィホームページを http://www.herstory.co.jp/ プレスリリースの頁をご参照ください。

（注３）「〈快楽消費〉する社会」堀内圭子著　中公新書より。

（注４）注３と同じ調査より。

（注５）主婦に関するインターネット調査より。２００５年２月（株）ハー・ストーリィ実施。サンプル主婦１００４名（内専業主婦６８５名）。

第3章　とにかく、消費者の心理を知ろう
——イマドキ主婦のホンネと買物行動に迫る

本間　理恵子（ほんま　りえこ）
マーケティングプランナー

長野県出身。

お茶の水女子大学文教育学部心理学専攻卒業後、1988年に（株）博報堂入社。2004年に退職後、フリーのマーケティングプランナーとして、企業のコンサルティング、マーケティングプランニングなどに携わっている。

ロッテ株式会社、日本マーケティング協会、（株）リクルート、エイボン・プロダクツ（株）、（株）トヨタ、トヨタカローラ南岩手（株）、（株）ハー・ストーリィ、（株）コスモ石油ガス、社団法人岩手県高圧ガス保安協会、（株）ジャパンエナジー、（株）ツバメガス　などほか多数の企業において、セミナー講師を務めています。

〈主な著書〉

「買物脳―成功する企業になるための5つのキーワード」主婦の友社。

第4章　とっておきの「クチコミ」活用術

——実践！　クチコミマーケティングの仕掛け方

ハー・ストーリィ　日野佳恵子

テレビCMなどのマス媒体を駆使することが、必ずしも大きな宣伝効果をあげるわけではない。メディアが多様化し、メリットだけをうたう宣伝広告への不信感も強まりつつある現在、改めて注目されているのが「クチコミ」だ。

この古くて新しいマーケティング手法は、ある意味「地域密着型」を標榜するエネルギー会社にとって打ってつけのツールといえる。単に認知度を高めるだけではなく、消費者から真の「理解」と「共感」を得て、企業と消費者の間にある「絆」を深めていく――。

CSR（企業の社会的責任）が厳しく問われる時代だからこそ、「クチ・コミュニケーション」を活用した戦略が求められている。

１・自分たちでクチコミを起こすノウハウ

「クチコミュニティ・マーケティング」は口コミとは違う？

〝クチコミ〟はテレビ等マスメディアに取り上げられない日がないほど、トレンドキーワードになっています。しかし、なぜいま〝クチコミ〟がこれほど注目され、取り上げられるのでしょうか？

それは、企業が自分たちの宣伝広告よりも、クチコミに耳を澄ますようになった消費者の現状に気づき、クチコミをビジネスに重要な影響力を与えるマーケティング要素として注目するようになったからです。これは、消費者側の視点に立つことができなければ、もうモノが売れない時代になったことを示しています。

また、購買決定の８割以上を一家の中の主婦が担っていること、もっと簡単に言えば、財布の紐は奥さまが握っていることに多くの企業が気づき、対応を始めたためと言えます。実際、インターネットの評価サイトが企業の商品企画開発に大きな影響をおよぼしたり、カリスマ消費者のブログによって、宣伝・広告を一切していないにもかかわらず、ヒット商品が生まれたりする事例が出てきています。これらは全てクチコミの効果と言えます。多様な方法で広がり、あるいは何らかの形で仕掛けて消費マーケットに影響をおよぼす、これがクチコミによるマーケティングなのです。それでは注目のマーケティング手法〝クチコミ〟を改めて見ていくことにしましょう。

「口コミ」ではなく「クチコミ」

クチコミされるような会社や店舗になるには、ただ評判になるのを待つのではなく、自ら仕掛けていく必要があります。世の中にあふれる情報の洪水の中から、消費者に「これだ！」と選んでもらうためには、「話題づくり」、「新鮮度づくり」、「商品づくり」、「店づくり」、「人づくり」、「広報宣伝」、「コミュニティなイベントや企画づくり」を総合的に考え、常に刺激的な話題を社会に提供していく努力をしなくてはなりません。その日々の蓄積が未来を形成し、結果に結びついていきます。

これまで不特定多数の人々に対しての情報伝達は、テレビCMなどのマスメディアを使った宣伝広告が効果的だとされてきました。しかし、メディアが多様化した現在、大々的な宣伝広告を行なっても、期待したような反響を得ることができなくなってきています。ヒット商品が生まれても人気を継続することが難しく、商品寿命が非常に短くなっています。消費者が良いことしか言わない宣伝広告を容易に信用しなくなったことなどがその背景にあります。弊社のデータにも、メディアで得た情報より、人づてに聞いた情報の方が、インパクトは5~10倍、記憶の持続は3~5倍、伝播度は3~6倍高い…とあります。そこで注目されるようになったのが、「クチコミ」というわけです（現代では、人と人とが直接話をして広がって行く口コミだけでなく、インターネットを通じても情報は伝わっていくので、あえて「口コミ」ではなく、「クチコミ」とカタカナで表記します）。私たちハー・ストーリィでは、このクチコミを活用したマーケティング手法を開発し、「クチコミュニティ・マーケティング」と名づけました。

図１　クチコミの「成功法則」に名前を付けました！

クチコミュニティ・マーケティング

クチコミ　＋　コミュニティ　＋　継続・発展

- ●クチコミネタがある
- ●女性のおしゃべり

- ●お客様と継続してつながる
- ●お客様のクチコミが知れる場

- ●事業は継続
- ●伸びる・成長

※クチコミュニティ・マーケティングは弊社の登録商標です。

「クチコミュニティ・マーケティング」とは

「クチコミュニティ」とは、クチコミを起こすコミュニティのことを指します。数式で表せば、「人が集まってくる＝クチコミ」＋「組織＝コミュニティ」＝「クチコミュニティ」となります。この「クチコミュニティ」を活用したマーケティング手法が「クチコミュニティ・マーケティング」です。「クチコミされる会社や商品になるにはどうすれば良いのか」ということを提言するものです。

「クチコミュニティ」という造語にした意図は、すぐに話題が忘れ去られていく現代において、少しでも多くの人と深く関わる「コミュニティ性」を意識した会社作りを目指すところにあります。お客さまとの絆を深めることでファンを増やし、お客さまのクチコミで業績を伸ばし、長期的に愛され、支持される会社作りを目指すところに、「クチコミュニティ・マーケティング」のねらいがあります。

人が購買に至るまでのプロセスには、「認知」→「理解」→「共感」→「行動」という流れがあります。従来の宣伝広告は、この「認知」に重きを置いていました。テレビのCMなどが例に挙げられます。購買の動機付けよりも、商品や、会社の知名度を高め、信頼感や安心感で消費者の心の醸成しようとするものです。「クチコミュニティ・マーケティング」が目指すのは、さらに人の気持ちに近づいて「理解」と「共感」を得ようというものなのです。

モノも情報も溢れる現代では、「認知」されただけでは、すぐに忘れ去られ、他の商品やサービスに取って代わられてしまいます。しかし一人ひとりに対して、充分に絆を深めていくことができれば、購買に至る確立をぐっと上昇させることができるのです。言い換えれば、「クチコミュニティ・マーケティング」とは、「会社や店舗の理解者、共感者を増やす活動」です。理解、共感されるためには、自社の商品、あるいは会社そのものが、魅力を持っていなくてはなりません、それが、人々の心の中にイメージとして醸成され、ブランド化するのです。つまり「共感を呼ぶブランド戦略」＝「クチコミュニティ・マーケティング」と言えるのです。

では、実際に自分たちで、こうしたクチコミは起こせないものでしょうか？

成功する秘訣は、「自分たちのコミュニティから作り出すこと」です。このコミュニティとは、社員やアルバイト、取引先、顧客など、日頃からあなたの会社や商品と関わっている人たちの集まりのことです。自分たちのファンを増やして、人々に愛される商品や会社になれば、自然に話題に上ります。それがどれほど価値のあることか、イメージできたでしょうか？

次項で、実際に「クチコミュニティ・マーケティング」を成功させるには、どうしたら良いか、具体的に紹介していきたいと思います。

２・今日から実践！「クチコミュニティ・マーケティング」の法則

重要となる4ステップの循環

それでは、「クチコミュニティ・マーケティング」を成功させるには、実際にどうしたらよいのでしょうか？　私たちハー・ストーリィでは、次の４つのステップを循環させることが重要だとご説明しています。それは、

①クチコミされる良いネタ（話題性）を作る
②良いネタをクチコミしてくれる人たち（コミュニティ）を作る
③クチコミのネタが正しく伝わるよう工夫する
④クチコミが広がる仕組みを作る

の４つのステップです。

この４ステップの循環方法について、簡単にご説明しましょう。

まずは、①の「クチコミされる良いネタ（話題性）を作る」ことから始めます。

良いネタとは、企業にとってではなく、社会や消費者にとって幸せを実感できるものでなくてはなりません。クチコミをしてくれるのは他でもない消費者だからです。我が社では、創業時から名刺を２つ

図２　『クチコミュニティ・マーケティング』はこの４ステップで実現する！

1. クチコミされる良いネタ（話題性）をつくる

2. 良いネタをクチコミしてくれる人たち（コミュニティ）をつくる

3. クチコミのネタが正しく伝わる工夫（情報発信・配布物の活用）

4. クチコミが広がるしくみ（イベント等、友人と参加の機会）をつくる

1～4の一連の流れを循環するモデルを
クチコミュニティ・マーケティングと呼んでいます。

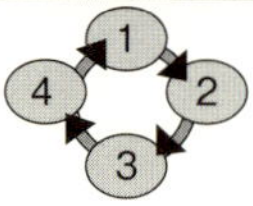

折りにしています。コスト高でも企業の強みを相手に印象付ける戦略のひとつです。企業の強みを、インパクトあるメッセージで表現することは、無名の中小企業ほど重要になります。ホームページや会社案内を見なくても名刺を見れば会ったときのインパクトが想起され、クチコミのネタにもなるのです。

次に、②良いネタをクチコミしてくれる人たち（コミュニティ）を作ることです。優良顧客は、商品単価が高く、リピーターが多いのが利点です。当然説得力もあり、商品の受注率を高めるカギを握っている絶好の営業マンと言えます。こうしたクチコミをする人と、クチコミを見聞きする人とを結ぶ場が、クチコミを広めるためには重要になってきます。これがまさに②で言うところの、良いネタをクチコミしてくれる人たち（コミュニティ）を作るということです。

その次は、③に挙げたように、配布物やネットによる情報発信など、クチコミのネタが正しく伝わる工夫をするこ

とです。クチコミは伝言ゲームであり、数人の口を介しているうちに、内容がいい加減になりがちです。

そこで必要になるのが、伝えたい情報を明確にまとめたチラシなどのクチコミツールです。

例えば、映画を見に行ったとします。大変感動して人に話をします、その時、ストーリーやキャスト、上映場所や時間などが書かれたパンフレットがあったら、映画の素晴らしさをより強く相手に印象付けることができ、クチコミされた人も見に行く気になりますね。

そして最後に、④クチコミが広がる仕組みを作ることです。友人や親子が一緒に参加できるイベントやセミナー、パーティ、展示会など、情報を交換する機会や場所を意図的に設け、クチコミが広がる交流の場を作ることです。

最初に取り組みたいのが、①のクチコミされる話題づくりですので、まず、そこから実践していきましょう。

「1本立てる」

クチコミされる良いネタとは、話題性があって、感動や驚きのある、ワクワクするような企画のことです。そのネタは、クチコミをしてくれる消費者が幸せを実感できるものでなくてはなりません。

クチコミされるネタ（話題性）を作ることを、私たちハー・ストーリィでは、「1本立てる」という言い方をします。「1本立てる」とはひと言で言えば、他社と違う特徴をはっきりと打ち出すということです。そうすることにより、膨大な情報量の中にあっても、消費者が発見・判断してくれやすくなります。

図３　クチコミされる良いネタ（話題性）をつくる

「話題性」はクチコミに不可欠! 話題性の高さが「広がり度」と「クチコミの持続」を維持します。

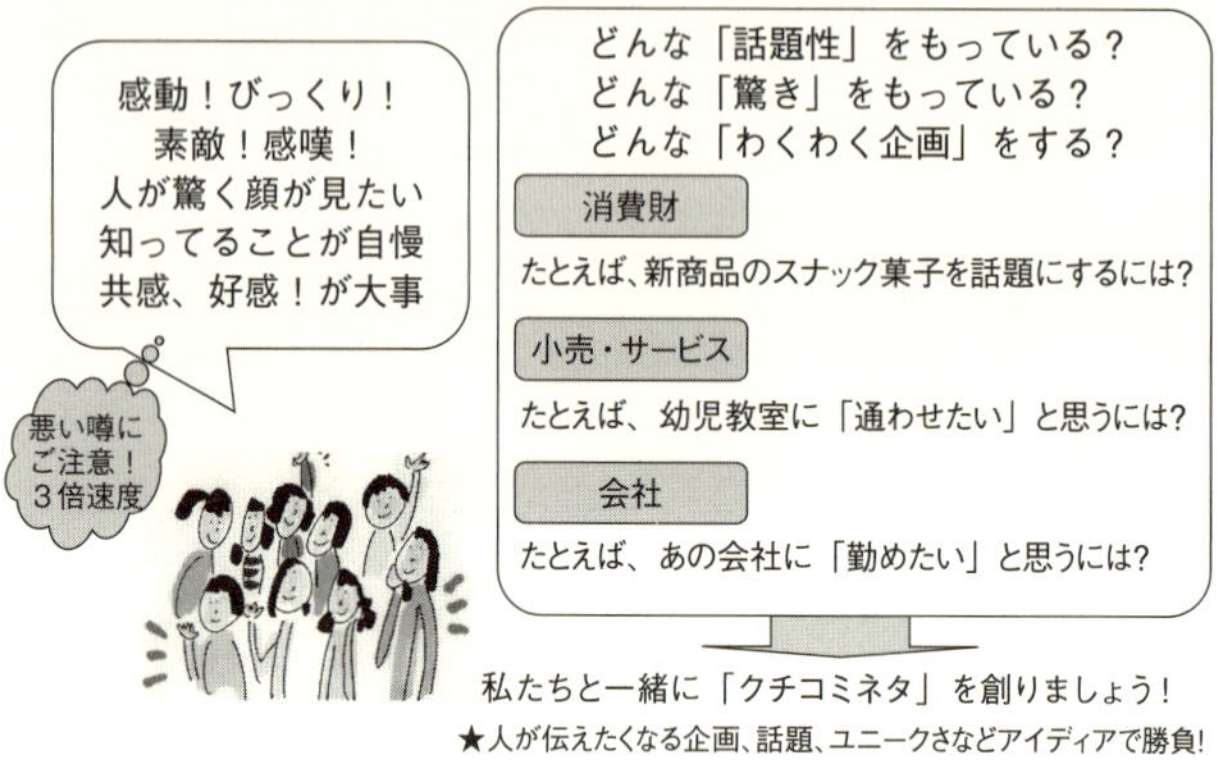

感動！びっくり！
素敵！感嘆！
人が驚く顔が見たい
知ってることが自慢
共感、好感！が大事
悪い噂にご注意！３倍速度
どんな「話題性」をもっている？
どんな「驚き」をもっている？
どんな「わくわく企画」をする？
消費財
たとえば、新商品のスナック菓子を話題にするには?
小売・サービス
たとえば、幼児教室に「通わせたい」と思うには?
会社
たとえば、あの会社に「勤めたい」と思うには?
私たちと一緒に「クチコミネタ」を創りましょう！
★人が伝えたくなる企画、話題、ユニークさなどアイディアで勝負!

私の考える「1本立てる」を、もっと具体的に言うと、

●オンリーワンを持つこと
●オンリーワンを探求する姿勢があること
●オンリーワンの分野の市場性が高こと
●オンリーワンを第三者が視覚で認識しやすいこと
●オンリーワンを聞いた人が思わず「おもしろそう」と声をあげること

の全てを網羅している状態のことです。

では、どうすれば「1本立てる」ことができるのでしょうか？

まずは、自社の強みを確認することです。経営者、社員、消費者のそれぞれに、あなたの会社の「強み」は何か、と質問してみましょう。それぞれから返って来た意見にズレがなければ、間違いなくそれがあなたの会社の強みです。もちろん消費者であるお客さまが感じている「強み」（客観的な意見）ともズレがないかを確認します。

これら全ての強みがひとつにまとまっていれば、これを

図４　どうしたらクチコミで伸びるのだろう？

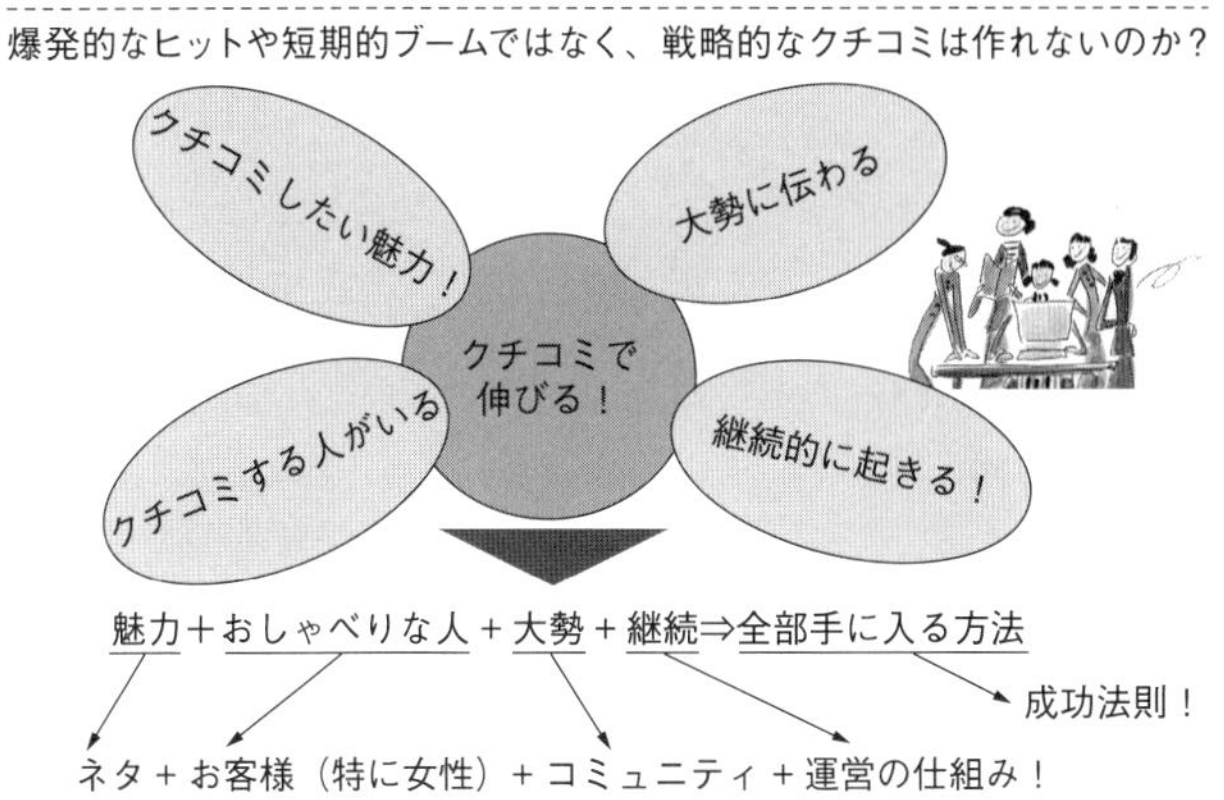
爆発的なヒットや短期的ブームではなく、戦略的なクチコミは作れないのか？
クチコミしたい魅力！
大勢に伝わる
クチコミで伸びる！
クチコミする人がいる
継続的に起きる！
魅力＋おしゃべりな人＋大勢＋継続⇒全部手に入る方法
成功法則！
ネタ＋お客様（特に女性）＋コミュニティ＋運営の仕組み！

「私の会社は○○が強み」というようなキャチフレーズにまとめましょう。このキャッチフレーズが会社の特徴を明確に表現していたら「1本立つ」ことになるのです。つまりこの「1本立てる」ことが、「クチコミュニティ・マーケティング」の戦略の柱なのです。

こうして「1本立った」ら、それをどこでも、誰にでも繰り返し発信していきましょう。独自性は広報物、ホームページやイベントなどで、対外的にどんどんアピールしていくのです。このとき、キャッチフレーズの他に、ロゴマークなどを制作すると、周囲に視覚的効果で認識を高め、クチコミ効果を意図的に浸透させる効果が発揮できます。

こうして、独自性をはっきりと持ち、発信し続けていけば、競合の業界や会社の商品ではなく、あなたの会社のあなたの商品を、お客さまの方から発見してくれるようになるのです。

成功事例として、具体的にいくつかの例が挙げられます。

例えば、ある分野で市場先行している場合には、「限定」することで、商品を思い切ってフォーカスし「1本立てる」ことができます。例えば、「ユニクロのカシミア」、「ユニクロのフリース」といったブランドの個別化に成功した例。缶コーヒーに「モーニングショット」、缶ビールに「冬物語」等も同様に、限定ネーミングによって顧客にアピールして注目を集めています。

市場シェアがなくても、複数の要素を組み合わせて、消費者の期待値を高め、独自性をアピールすることも可能です。例えば「社長がよく飲むビール」とネーミングすることにより、単なる地ビールではなくなり、その名の通り社長への贈り物に使われるようになるのです。また、このような話題性はクチコミが広がりやすいのが特徴です。高性能で高品質な商品で溢れている現代の市場においては、こうした感動や驚きの要素がないと、もはやお客さまに満足していただけなくなっていることも、頭に入れておくと良いでしょう。

主役は女性

ほとんどの女性はおしゃべり好きです。良い情報、お得な情報、ステキなお店を見つけたら、すぐに友人に伝えます。自分を取り巻く身近な範囲に、複数のネットワークを持っているので、伝達力が大きく、伝播速度が加速するのです。クチコミされたいと思うならば、女性をターゲットにした方が効果的なのです。

このように、クチコミの主役は女性です。したがって、「1本立った」独自性をより効果的に広めるには、女性の特性を把握しておくことが重要になります。女性は、男性と考え方が違います。それは、生理学的には脳の構造に違いがあるから当然のことなのです。理論的思考に長けている男性に対して直感や感覚に優れた女性は結果を重視する男性とは違い、プロセスを大事に思考する傾向があります。

また、女性は、太古の昔から種族保存本能が強く、自分や家族（自分を取り巻くコミュニティ）に危険をもたらすものを本能的に拒絶する性質を持っています。これを「母性」と言います。しかし、逆の発想をすれば、この「母性」をクリアする〝良いモノ〟が提供できれば、そのコミュニティの信頼を得ることになります。つまり、女性に共感され、味方に付けるような視点や発想、プロモーションがクチコミュニティ・マーケティング成功の秘訣と言えるのです。

ここで女性の９つの特性をあげて起きますので、クチコミュニティ・マーケティング実践の参考にしてください。

女性の９つの特性：
①直感や感覚でものごとを捉え行動する
②経緯を大切にするプロセス型思考
③相手の表情や態度をよく観察する
④母性本能で商品やサービスの良し悪しを判断する
⑤１度不信感を抱くとなかなか信頼しない
⑥情報に左右されやすく、悪い情報にも良い情報にも敏感

⑦悪い情報・良い情報を他人に伝える傾向がある
⑧話好き
⑨多くのネットワークを持っている

あなたの周りの女性たちはいかがでしょうか?

女性を集めるキーワード—学・遊・働・交

「クチコミュニティ・マーケティング」の実践において、最も重要なファクターとなる〝女性の心をつかむ方法〟についてお話したいと思います。クチコミされたいなら、女性をターゲットにしたほうが効果的であることをご説明してきました。おしゃべり好きで、良い情報があれば友人や家族など自分を取り巻く身近なネットワークに伝播する特性を持つ女性を上手に巻き込むことで、情報の伝達速度が加速するからなのです。クチコミの主役は女性、と覚えておくと良いでしょう。

あなたがもし女性を味方に付けたいならば、この特性を活かして、あなたの商品やサービスが女性の「母性」や「種族保存本能」をクリアするものかどうかを常に考慮しなくてはなりません。そのためには、女性を集め、実際に意見を聞いてみれば良いのです。

では、効果的に女性を集める方法についてお話します。

女性を集めるイベントでのキーワードは「学・遊・働・交」です。

① **学**　学びたい心を引き付ける　(スキルアップや資格取得、視野を広げ、教養を見に付けたいと

いう欲求）

②　**遊**　２つの遊び方を意識　（日常：クーポンやサービス券の利用、非日常：たまにはちょっと贅沢して「私にご褒美」）

③　**働**　非日常感のある仕事を考える　（普段できない体験ができる企画）

④　**交**　人と人とが出会う場を設ける　（女性は新しい場所で新しいネットワークづくりが得意）

①～④に共通して言えることですが、常に新しい場所での活動を通じて、新しい友人との出会いと刺激を求めている女性の欲求を上手に活用することが大切だということです。具体的には『交流会』、『座談会』、『食事会』、『パーティ』などのイベントをセッティングし、彼女たちが新しいネットワークづくりをする〝場〟を提供するのです。

ここでひとつ、重要なことがあります。それはただイベントを開催しただけでは、かえって彼女たちの不満を招いてしまうということです。では、どうすれば良いのでしょうか？その答えはイベントの中で、女性同士が横にきちんとつながることができるように、『名刺交換会』や『ゲーム』などを企画することです。知らない者同士が交流しやすくなる〝きっかけ〟を提供することになるのです。

いくらおしゃべり好きで、ネットワークづくりが得意な女性たちでも、〝きっかけの場〟までは、きちんと提供してあげなくてはなりません。面倒だと思わずに、最初にきっちりとした交流の場、仕掛けを設けて置くかどうかで、その後のシーダー（種をまく人）となる人の役割も変わってきてしまうのです。それをきちっと押さえておけば、あとは自然にクチコミュニティが活性化していくはずです。

この意味からも、この「学・遊・働・交」4つのキーワードを意識しておくと、女性が集まりやすいものになると言えるのです。

シーダーの役割

クチコミを広げるためには、「クチコミをしてくれる人たち」が必要です。しかも誰でも良いわけではありません。自分たちの考えや情報に共感し、関心を持ってくれる人で、他の人に「こんなおもしろいことがあるよ」と伝えずにいられない、元気で好奇心旺盛な人でなければいけません。

私は、共感して伝道してくれる人を「シーダー（種をまく人）」と呼んでいます。このシーダーの集合体が、「シーダーの集団＝クチコミュニティ」なのです。

この考え方から、お客さまに「クチコミュニティ」さえ作ることができれば、あとはクチコミして欲しい情報をシーダーたちに伝えれば良いのです。それで次々とクチコミが広がっていくのです。

「クチコミュニティ・マーケティング」を実施してもらうときには、必ずシーダーづくりからスタートしてもらいます。実は、我が社の土台もこの仕組みで成り立っているのです。

ここで重要になるのは、ただ単に人を集めて集団をつくるのではなく、「共感してくれる人」を集めて集団をつくること。共感し、ワクワクするからこそ、他の人にも力強く伝えてくれます。

この意味からも、「クチコミュニティ・マーケティング」は共感者の集団をつくることから始まると意識することが大切になります。

しかし、シーダーを集めただけでは、クチコミは広がりません。そのクチコミュニティを継続、維持、発展させていくために、シーダーたちを刺激することが大切なのです。

そのためには、積極的に「シーダー同士が横につながる機会を設ける」ことです。互いに刺激し合えるようになると、シーダーがまた新たなシーダーを呼び込み、クチコミュニティが活性化し、加速度的に発展するのです。

では、具体的には何をすれば良いのでしょうか？

まず、シーダーの興味の方向性、共通点を探ります。例えば「子育て中」、「美容に興味がある」、「健康食品に興味がある」等の共通点を見出したら、自分たちの会社やお店で関連のあるテーマでセミナーや、イベントを開催したり、メールマガジンを通じて、シーダーたちが直接会える場を設定してあげるのです。そして、その活動の様子を、会報誌やホームページなどで「活発なシーダーの姿を公開」するのです。元々好奇心旺盛でアクティブなシーダーは、仲間のイキイキとした姿に触発されやすいので、自分自身もよりアクティブに活動するようになります。「なんだか楽しそう」とか、「私もこんな活動を始めたい」とか、「このイベント（会社）と付き合うと良いことがありそう」といった具合に、好感度が上がります。

〝共通点をつかみ、横につながる機会をつくり、様子を公開する〟これが、シーダー活性化の法則になります。

1本立てたらひと目でわかる「形」にする

クチコミを広げる方法について、まずあなたのお店や事業の柱となる得意分野、他社と違う特徴をはっきりと打ち立て「1本立て」ましょう。次に自分たちの考えに共感してくれるシーダーを集めましょう。シーダーは元気で好奇心旺盛で複数のネットワークを持っている女性が向いています。と、いままでお伝えしてきました。1本立てたら、どんどん公開していかなくては、拡がりません。「仕組み化」してきた「クチコミュニティ・マーケティング」を目に見える形にしていく方法についてご説明します。

「公開する」という意味では、自分の会社やお店の夢やビジョンを、絵などの形にしておくことも効果的です。夢やビジョンを絵にして飾ったり、会報などの広報物に載せたりして公開すると、「こんな会社、お店が目標です」と周囲に宣言することができますし、入社して来る社員や来社されるお客さまにも、それが口で説明するよりもうまく伝わります。また同時に、絵を見ることで「自分たちは何を目的にしていたのか」と自社の原点を常に確認できる効果もあります。

我が社には、本社にも支社にも「夢のハー・ストーリィハウス」という絵が飾られています。これは、副社長のさとうみどりが創業時に描いたもので、起業した当時の夢を表現しており、私自信も何回も励まされてきた、まさしく我が社の原点がひと目でわかる形としたものです。

絵に限らず、言葉にして書き出してみるのも良いでしょう。形にするといつでも目にすることができるので、社員の意識も高まり、自社の目指すスタイルを明確にお客さまに説明することができるようになります。

そして、「こんな絵が飾ってあるお店」、「こんな言葉が貼ってある会社」として、知らないところでクチコミされたり、事業計画を公開したり、夢やビジョンを形で表して実現していくことが、周囲に対しては大きな説得力になるのです。

手を抜いてはいけない～ツールが命～

お店や小さい会社では、マンパワーによる機動力を持った営業活動の展開が難しい、といったケースが多いようです。そこで、自分たちに代わって営業してくれる、優秀なスタッフの存在をお教えしましょう。それは名刺、会社案内、チラシ、パンフレット、看板、ホームページ等々です。

「?!」と思われましたでしょうか。よく考えてみてください、これらの「ツール」は元々自分のこと、会社のことを知ってもらうため、つまり営業目的に制作しているものではありませんか。1度会って話しただけでは、人はなかなか印象に残りません。しかし、その時渡された名刺や会社案内、チラシが目を引くものであれば、相手に興味を持たせて記憶に残し、後からでも想起させる材料にもなるのです。

例えば名刺。初対面の方に必ず手渡すツールです。自分の社名、氏名などが書かれており、「自分を語る営業ツール」と言えます。1番印象に残らないのは、白地に縦書きで社名、役職名、氏名、住所、電話番号といった、一般的な表記の名刺ではないでしょうか。「1本立て」た際に考えたキャッチフレーズやテーマカラー、ロゴマークなどを載せてみましょう。例えば、「デザイナーズブランドの眼鏡を世界中から手配します！」とキャッチフレーズが載っていたらどうでしょう。名刺がメッセージを発信するようになります。

もらってうれしいクチコミツール

私がもらった名刺の中には、点字付のもの、2つ折りでしかも飛び出す絵本風名刺など「おっ」と感動するものがあります。要は自分がもらったときに感動するか、記憶に残るかを考えればどの様な名刺が営業ツールとなるのか、自ずと見えてくるのではないでしょうか。

他のツールも同様に、自分がもらったらうれしいか、きちんと目を通すか、記憶に残るかという視点で制作すれば、それらのツールたちは優秀な営業マンになってくれるはずです。

そして、これらのツールは、クチコミを後押しするツールとしても活躍してくれます。もらった名刺やチラシに感動すれば、「おもしろそうな会社」と、他の人に紹介したくなりませんか?そうして情報が伝えられ、人から人へ手渡されてクチコミ効果もアップするのです。

以上のことから、ツール類には、作り方によって大きな力が宿ることがわかります。たかがツールですが、ツールづくりには絶対に手を抜いてはいけない理由がここにあるのです。

ツール類の作り方については、後に具体的に事例をあげながら説明します。

「仕組み化」してきた「クチコミュニティ・マーケティング」を目に見える形にして伝えたら、どんどん広めていかなくてはなりません。

デジタル社会だからこそ

　現在、人に何かを伝える際、電話や手紙よりも圧倒的にメールでという方が増えているのではないでしょうか。メールは個人が特定できる最も手軽な手段ですが、最近では迷惑メールと呼ばれるように、あまりうれしくない情報まで一緒になって届いてしまいます。メールでなくても、手紙やＤＭなど、たいていの方が毎日大量に目にしていることでしょう。それらは、デザインや文章に工夫はあっても、ほとんどがパソコンで制作されたものですよね。その山の中に、ひと言、手書きのメッセージが添えられていたらどうでしょうか？

　クチコミは、「人の心を動かす」ことから始まります。印刷のみのＤＭより、何かひと言でも手書きのメッセージが入っていた方が気持ちも伝わりますし、現在のようなデジタル時代だからこそ、人は手書き文字に惹かれます。手書き文字が珍しくなってきているからこそ、手書き文字に人は心を動かされ、印象に残るのです。特に、新規のお客さまに出す手紙であれば、とても効果的です。手書きの手紙の方がより誠意が伝わるようで、実際、私自身、何度か手書きの手紙を書いて、新規顧客を獲得したことがあるのです。

　ＤＭや案内状、手紙を受け取るのは「人」です。法人の会社宛であっても、その会社の誰かに届くわけです。手紙は、受け取った人に読んでもらわなければ意味がありません。自分の思いを綴った手紙をコピーして添えるだけでも、印象は違ってくるのです。

　パソコンを上手に活用することはもちろん大切ですが、本当に訴えたいことがあれば、手書きの文章を添えることが相手の心を動かす有効な手段であり、「人」を相手にしたときの基本だと思います。

通販の事例から学ぶ

「クチコミュニティ・マーケティング」において、ダイレクト・マーケティング、ワン・トゥ・ワン・マーケティングの考え方は必要不可欠です。

その例として通信販売があります。成功事例を研究すると、お客さまに対して非常にきめ細かい対応を実施していることがわかりました。例えば、商品購入後、次の購入時期を見計らってお客さまにご連絡し、商品や情報を提供しています。

お客さまが欲しいと思うときに商品を提供することができるため、そこに感動が生まれ、お客さまはその会社やお店のファンになってくれます。このように「自分たちの都合で販売」ではなく、「お客さまとずっとかかわりを持ち続け、一人ひとりと対話をする」ことが、お客さまを引き付け、注文率をアップさせるわけです。

この通信販売の成功例は、そのまま小さな会社の「クチコミュニティ・マーケティング」に当てはまります。多くの会社は、買ってもらうまであの手この手と尽くしますが、買ってもらった後のことはあまり考えていません。

そこで、例えば「使い心地はいかがですか」とか、「お誕生日に来店された方には○○をプレゼント」などのうれしいお知らせなどがあれば、繰り返し商品を購入したり、来店したりする気になるはずです。

「おっ」と思うようなことが何もなければ、すぐに他のお店や会社に浮気をしますし、友達との間での話題にもなりません。

一人ひとりとかかわり続ける

新しい顧客ばかり追いかけず、1度出会ったお客さまと長い付き合いができるしくみを作ることに目を向けてください。長い付き合いができる会社は、信頼できる会社ということで、お客さまも安心して友人に紹介することができるのです。これが、クチコミのきっかけになり、そこから「クチコミュニティ」が発生して行くのは、いままでお話してきた通りです。

お客さまとは、買ってもらって終りではなく、買ってもらったときがはじまりです。そこから、いかに一人ひとりと対話をして関わりを持ち続けていくか。その努力をしてお客さまとの信頼関係を築くことが、「クチコミュニティ・マーケティング」の成功には欠かせないのです。

3・顧客がどんどん増えるクチコミュニティ活用法

基本を忘れずに地域密着が成功の秘訣

これまで、クチコミュニティ・マーケティングの４ステップについてお話してきましたが、覚えていますか？

①クチコミされる良いネタ（話題性）をつくる、②良いネタをクチコミしてくれる人たち（コミュニティ）を作る、③クチコミのネタが正しく伝わるよう工夫する、④クチコミが広がるしくみを作る、の4ステップでしたね。順を追って具体化して行きます。まずは、①からです。

当社がお手伝いしている「クチコミュニティ・マーケティング」は、街のお店のような〝小規模〟で〝地域密着〟型が多いのですが、これはあらゆる商売の原点です。お店のヒット商品やブームを作りながらも、地域の人々に親しまれ、長く繁盛し存在し続けることを前提に、「クチコミュニティ」を考えていくのが基本です。そのためには「お店のテーマ」を明確にして、長期的なイメージを設定する必要があります。その際大事なのは、地域密着だからこその、人が人を呼ぶために飽きられない話題づくりの提供を意識することなのです。

「地域の人が集まり続けてくれる店」になるためのテーマ設定は、クチコミしやすい「存在感」を作るためのものです。人が誰かにしゃべる時には、〝感情〟や〝雰囲気〟という理屈では図れないものがベースに必要です。自分たちの店が3年後、5年後にどうなっているかをイメージして歩んでいる店は、〝情熱〟だとか〝気迫〟といった〝気〟のようなものを発しています。周囲に努力や成長を感じさせるムードを発信していなければ、元気や活力、活気を生み出すことはできません。その努力を怠ればやがて存在そのものが当たり前とされ、クチコミの必要のない店になってしまうのです。

地域密着の店が最も陥りやすい問題があります。それは、基本を忘れることです。いつものお馴染みさんやご近所さんと日々接していく中で、お店の中とお客さまに「慣れてしまう」ことです。どうせいつも近所のお客さましか来ないから、と思って努力を怠れば、「お客さまに慣れた」店になり、初めての人が入りにくい空気を作ってしまい、やがては周囲から遅れてしまっていることにも気付かなくなってしまうのです。周囲にはどんどんおしゃれでカッコイイお店が増えています。ＴＶや雑誌といったあらゆるメディアで、目が肥えた消費者が溢れています。基本とは、自分の店のそういう様子を常に客観的に眺めることです。

「存在価値」づくり

基本の上には「存在価値」が必要です。これはクチコミの肝の部分です。

小売業、サービス業の取り扱う商品は「どこのお店でも販売している」ものが多く、商品に個性を出すことが難しくなります。そこで「お店全体を個性化する」ことを真剣に考えるのです。つまり「あなたのお店がなくてはならない価値」を探して書き出してみましょう。それは、お客さまのメリットにもなります。例えば喫茶店ならば「落ち着いた空間でゆったりと時間を過ごして欲しい喫茶店」と価値テーマをフレーズにします。そしてそれをもっと掘り下げ「〝絶対にあなたの店でなければならない価値〟をつくるために何をしたら良いか」を考え、その部分を際立たせるために、今後加えていきたいサービスを書き出し、戦略的にスケジュール化します。

書き出した「存在価値」を基に、今年取り組むテーマを、年間、月別に決めていきます。特に年間テーマは、将来の方向性を実現させていくために今年取り組むべきことを考えます。そして月テーマは、年間テーマを具現化するためのストーリーです。これらを設定して、将来に向かってスケジュールを組んでしまいましょう。あなたのお店が、地域になくてはならないお店となって、地域の人たちが自慢するお店になれたら、自分だって、ワクワク誰かに語っているはずです。

飽きられない工夫

お客さまを常に呼び込むのには、〝変化と刺激〟が必要です。あなたの街には観光名所がありますか？もしあったとしても、地元の名所のような場所になんて、地元住人は案外何年も行っていないことが多いものです。こんな風に「いつ行っても同じ」、「いつでも行ける」場所には、いつでも来てもらえないのです。

年に一度のお客さまより、毎週通ってくれるお客さまを増やす方が合理的です。では、お客さまが何度も繰り返し来たくなるお店とは、どんなお店なのでしょう。その答えは、『あなたが繰り返し行きたくなる店』を考えれば自ずと出てきます。同じように『あなたが友達に紹介したくなる店』を考え実行すれば、それがクチコミされやすい店なのです。

どんな業種でも繁盛している店には〝話題になる何か〟があります。つまり、繰り返し来たくなる、誰かに話したくなる「話題」を提供し続ける工夫が必要なのです。

飽きられない話題づくりには、①固定型の話題になり得る要素、②変動型の話題になり得る企画、の2つを組み合わせることが重要です。

図５　飽きられない話題づくりをしよう（お客さまがどんどん増える方法）

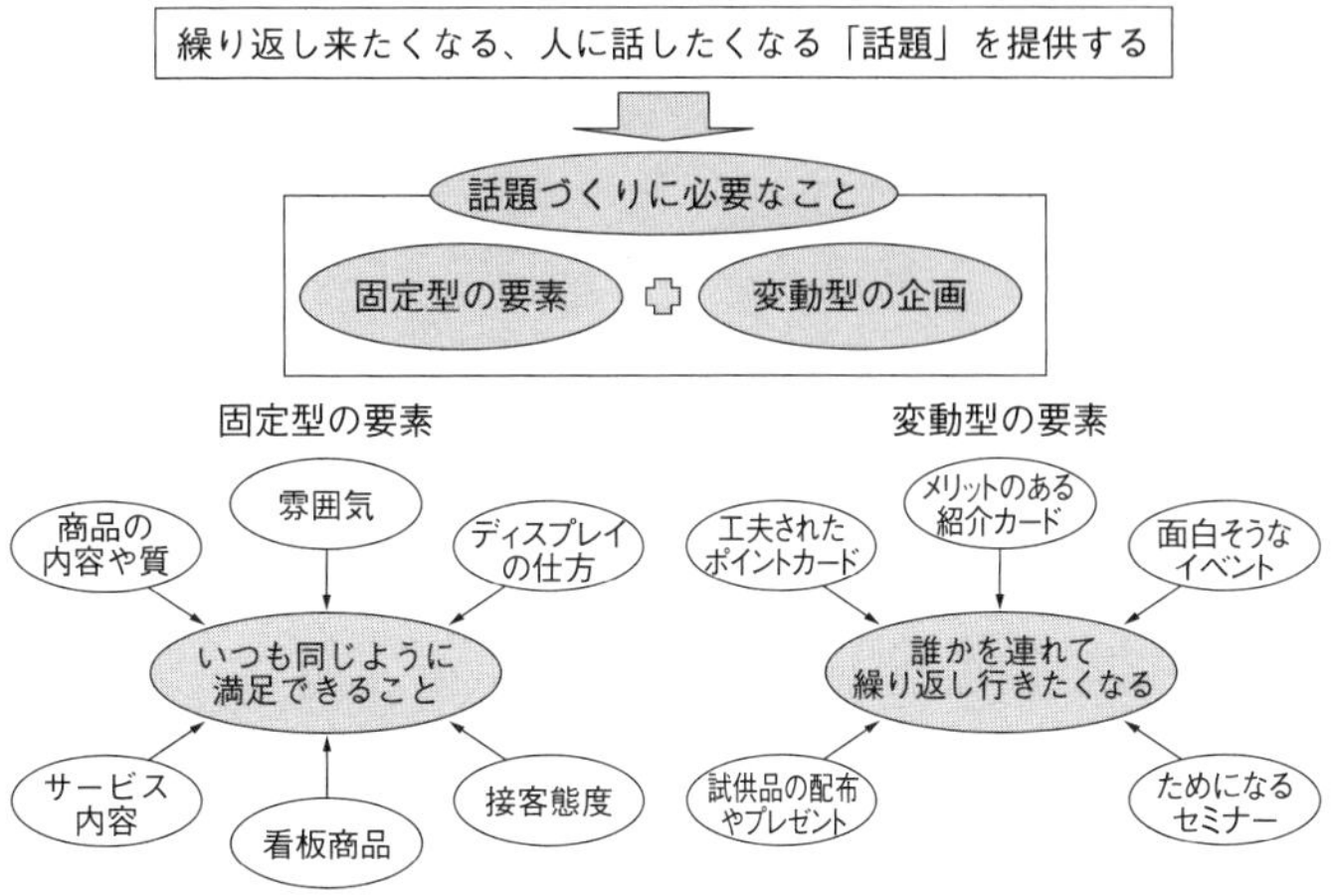

①固定型要素とは、商品の品質、味、店舗の雰囲気、接客等いつ来店してもバラツキなく満足させる要素のことです。人はサービスが『想像していた期待を大きく超えて』固定的な面で発揮できれば強く引き付けられ、その感動を話題にするのです。期待値を超えなくてはおしゃべりのネタにはならないのです。ハード面にはお金をかけられないという声も聞こえてきそうですが、人の心にインパクトを与えるために、自分なら何ができるか、を考えることです。

②変動型要素とは、おもしろそうなイベント、ためになるセミナー、試供品配布やプレゼントなど、お客さまが誰かを連れて、繰り返し行きたくなる動機をつくること、さらに連続性をつくることです。具体的には、ポイントカードの工夫があげられます。最近では来店しただけでポイントが貯まるカードも少なくありませんね。またお客さまからの紹介を基本に「あなたのお友達でこのカードを持参いただいた方に試食セッ

トプレゼント」等、お客さまの友人自身が申込してくる方法にし、新規顧客獲得を目指す企画にします。この方法だと、お客さまのクチコミが必ず伝達されるので、最も安心でこれ以上お互いにうれしい宣伝方法はありませんね。

発信力を磨く

クチコミにおける発信力とは、「自分たちで自分たちのクチコミをする」という意味です。

クチコミを起こしたいのなら、1番安くて、早くて、パワーがある方法。簡単です！自分で自分のことをしゃべること、さらに、社員、その家族を巻き込むことです。

自分で「こうする」と他人に自分のしたいことを発信してしまい、周囲にも認識してもらうことで、実行しやすくなる方法でもあります。「言った者勝ち」なのです。

クチコミを起こすには発信源が必要です。これも自分たちで発信して発信源になることが手っ取り早く内容もコントロールできます。ここで、発信源となるためのキーワードを4つ紹介します。

①エピソード、物語
②幸せ・運
③未知との遭遇
④共感

①の「エピソード、物語」とは、なぜこの商品・店・企業があるのかという物語を大切にし、多くの

人に発信し、語り継ぐことです。②の「しあわせ・運」とは、〝○○を食べると幸せになる〟という楽しみのこと。③の「未知との遭遇」とは意外性、驚き、刺激、話題性です。そして、④の「共感」とは、経営者の苦労話や、思いなどのことです。これらはすべて「人の心に響かせる」演出です。それ以上に心からお客さまに伝えたいと願う気持ちが大切です。これらをさまざまなツールで外へと発信します。

クチコミの第一歩は、自ら発信し、発信源となること。だから、クチコミは、自分が自分の店や商品を好きだ、愛しているという気持ちありき、です。

売上げにつながるコミュニティづくり

クチコミはコミュニティをつくることで自然に広がります。もちろん理想のコミュニティは、「共感者の集まり」です。ビジネスとコミュニティを成立させる方法は、企業理念や事業ドメインを明確にして、そこに共感する人を集めて行くことです。お客さまがしあわせと感じる場と、事業のメリットが重なる形を作り出せば良いのです。よくお客さまを集めるためにイベントや、料理教室等を開催する企業がありますが、これでは地域貢献になってしまいます。

大切なのは、自社の「考え方」を外に発信し、その考え方に共感する人たちが集まる場をつくることです。そうすれば、自然にコミュニティと顧客の層が重なってきます。

クチコミはおしゃべりで情報が伝わることですが、その多くには「きっかけ」があります。テレビで見た、雑誌に載っていた、新聞の記事で見たというように、マスコミでの話題がきっかけとなって話題が広がることがよくあります。クチコミとマスコミは大きく関係しています。

例えば、ある芸能人が使っていると言ったら大反響になります。その人が影響力のある人であればあるほど情報を話題にしますよね、つまり芸能人効果によってクチコミ効果がより高くなるというわけです。このようにクチコミを起こすには「きっかけ」が必要で、そのためには、商品を買いそうな人たちにより良い影響力をおよぼす環境を外からつくることが重要です。

ここで最大の効果が出るのがメディアです。これにインターネット情報も加わります。しかし広告・宣伝よりも、記事の方が信憑性があります。だから企業では、マスコミ各社に向けて記者発表や、ニュースリリースを送り、記事にしてもらえるよう情報発信する努力を怠らないのです。

小さな会社や店舗でもこの方法で情報を発信できます。地域の新聞、ミニコミ誌、タウン雑誌、テレビ局のローカル情報番組、ラジオのイベント情報コーナーなどをチェックして、自分のお店専用のプレス先をリストアップします。そして、何かイベントをする度、頻繁に情報を届けるのです。実際我が社でも、手紙をつけて商品や情報をしつこくプロデューサーに送り続け、会ったときには熱心に自分たちの仕事の話を伝えていたところ。創業1年後に、2局が30分のドキュメンタリー番組で取り上げてくれた経験を持っています。

地域密着の店ならば、自分たちでメディアをつくることも可能です。

私の個人的にお気に入りの家具屋さんでは、DMの代わりに定期的に手作り新聞を送ってきます。そこにはお薦め商品の他、仕入れの様子、店長のこだわり、働いている人たちの素顔が紹介され、とても親近感がわくため、お店に行ったときにも話が弾みます。

　このようにクチコミを起こすには、何もせずに話題になるのを待つのではなく、自らが地域に情報を提供するよう動くこと。そんな努力をする企業が外から見れば自然にクチコミされているように見えるのです。

町のお店のクチコミュニティづくり〈具体例〉

具体的な事例をあげながら、町のお店のクチコミュニティづくりと戦略についてお話しします。

　商売繁盛の基本は、①お客さまを集める「集客」、②お客さまが参加する「参加」、③お客さまとの関係を作る「接客」、④リピート、クチコミ「増客」、の４つで、またこれらが繰り返しぐるぐると輪になって回る仕組みにすることとです。

　まずは、「お客さまの立場に立つ」ことが大切ですが、それはお客さまのメリットを考えるということです。お客さまは自分の得にしたいのであって、あなたの利益のために買い物をするのではないことを肝に銘じなければなりません。現代のような情報過多時代に、人は「どのような情報に心を動かし、どこに行きたいと思うのか」それが「自分の居場所」＝コミュニティです。戦略はこれを常とします。「どこにでもある商品」をアピールしても、お客さまの興味は価格だけですから、もっと良い商品、安い価格があればそちらに目を向けてしまいます。しかし本来「自分のお店・会社らしいイベント」を開催するのがコミュニティなので、それによって、商品が同じでも何かが違う会社であると発信することができます。それを継続すれば、印象は繰り返しによって作り上げられるのです。

事例として、グループ会社の子供服古着店「リシュラ」を取り上げてみましょう。

「リシュラ」では定期的にフェアを開催していますが、このとき様々なイベントを企画します。例えば「福袋」、「ホームページで紹介されたちびっ子モデル写真展示」、「リメイク好きな主婦たちの手作りの作品展示販売」などのイベントを企画しています。ポイントは、お客さまを主役に、参加型企画を持ち、お客さまがお客さまを呼んでくれるイベントを同時開催しているところにあります。これが「集客」↓「参加」です。

次の事例は織り込みチラシ。右下に割引券をつけるなどして、フェアの会場でも何も買わなかったお客さままでも楽しめるように、抽選会を実施したりプレゼント応募、イベント情報が欲しい人のための申込受付などを設定しています。このように〝出会いは始まり〟をモットーに、ネットワークを広げています。

クチコミは発信する時代

個人情報保護法の制定後、顧客情報が収集しにくくなっていますが、把握しているお客さまだけを追っかけているのでは、やはり不十分です。直接企業やお店とつながりがなくても、お客さま同士での情報交換は行なわれています。実は、この情報交換や交流頻度が増えれば増えるほど、ファンは増え、イベントのたびに家族や友人を連れて来てくれるのです。

地域密着型クチコミは「売り込み」から脱却し、目指すべきところは、お客さまが主役で参加し、自由に意見できるお客さまのための場づくりの繰り返しであり、定期的に連絡のとれる密度の濃い交流体制づくりにあります。コミュニティとは、お客さまと店、企業側が同等の関係にある場所です。企業や店の押し付けが出ない場をつくりだせれば、クチコミは自然発生するのです。

いままでお話してきた要素を確認するためにも、「クチコミュニティ度自己診断シート」でチェックしてみましょう。チェック後は、グラフに書き込んでみてください。このグラフが全ての方向に大きく広がっていればいるほど、「クチコミ度が高い」と言えます。

いまや世の中には情報が溢れ、自分の欲しい情報を上手く探し出すことが困難な時代です。そして次々に入る情報に、同じ話題やネタをずっと覚えておくこともありません。「良いものだから黙っていても売れる」なんてことはありません。今の日本ではほどんどが良い商品です。つまり、どの商品も違いが見出しにくいということです。

だからこそ自ら能動的に「話題づくり」をしかけ、常に刺激的な話題を社会に提供していく努力をし、行動しなくてはなりません。その積み重ねが未来を形成するのです。

クチコミュニティ度自己診断シート

あなたの会社の現状は？自己チェックしてみましょう。

		診断項目	1	2	3	4	5	計
会社力	1	商売を通じて何を社会に提供していきたいかという理念が明確である						
	2	これだけは負けない、という会社の強みが明確						
	3	理念に基づいた商品／サービスを提供している						
	4	商品／サービスには驚きや感動がある						
	5	客観的に見て、好感度のある会社だ						
人財力	1	会社の理念を社員全員が共有し語れる						
	2	社員は自慢の商品・会社のよさをお客様にアピールできる						
	3	過去のお客様からの紹介率が高い						
	4	自社の根強いファン（お客様）がいる						
	5	取引先・協力会社からのお客様紹介率が高い						
表現力	1	会社の理念、想いが伝わる会社案内、パンフレットなど、印刷物をつくっている						
	2	お客様が気軽に人に手渡しできる紹介カードなどがある						
	3	会社案内・パンフレット・HPにはお客様の声や社員が載っている						
	4	一言で会社・商品・サービスの特徴を表すキャッチフレーズがある						
	5	ロゴ・色・マーク・キャッチフレーズを意識して作っている						
発信力	1	お客様に定期的に情報を送っている（会報誌、メールマガジンなど）						
	2	お客様とその友達が参加できる座談会、パーティなどをしている						
	3	マスコミ、地域新聞などに意識して情報を流している						
	4	年間を通じた販促計画を立てている						
	5	お客様名簿を取る努力、更新をマメにしている						

※一目盛りは５点

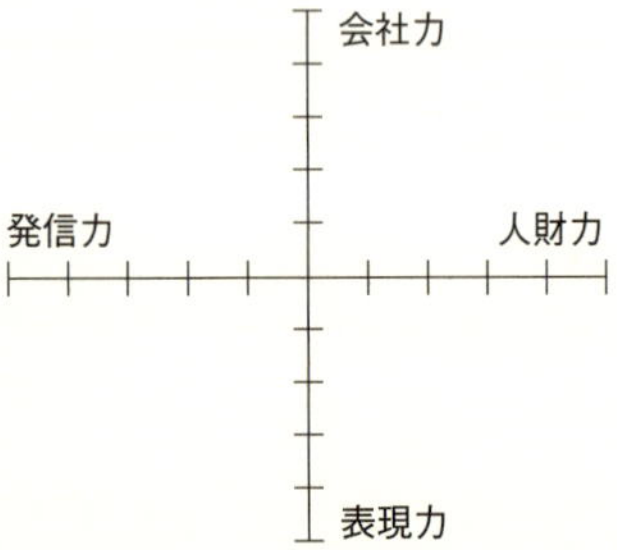

点／100点

１点…まったくできていない
２点…ほとんどできていない
３点…状況にもよるが半々
４点…かなりできている
５点…よくできている

４・すぐ使える魔法のツールを紹介

クチコミを起こすツール１〈小冊子はお客さまの心をつかむ布教本〉

クチコミは人が人に伝達することです。しかし個人の記憶は曖昧なので、個人の感覚で加工されやすく、伝言ゲームのように、５人程度でも最初と最後では内容がずいぶん変わってしまうこともあります。

そこで、クチコミの印象を強め、より明確にするためには、クチコミを後押しするための小道具が必要になるのです。

まずひとつ目は「小冊子」です。これは、会社の考え方を小冊子にして、手渡しできるサイズで用意するものです。企業には必ず「理念・思想」があるはずです。自分たちの会社は「誰のために」、「何のために」、「どうしてコレを売りたいのか」を明確にして外部に配布しておくと、相手が先に理解してくれるので、こちらが望むお客さまだけが来てくれることになります。こうした自分たちの「存在意義」を簡単な小冊子にします。サイズも気軽に読めて、持ち帰りやすく、人にも渡しやすく、そして中身が読み物であることが重要です。

このように、売り手と買い手の関係から、人と人の距離を近づけ、初めて会うお客さまにも親近感を持ってもらえるのです。

しかし、ひとつおさえておきたいことがあります。小冊子のようなメッセージ型のツールは、「企業姿勢」や「思い」を伝えることにつながるため、「売上げを上げたい」からつくるのではなく、「お客さまに気持ちを伝えたい」と心底思っていることが前提になります。感動を与えてくれる映画がヒットするように、大事なのは、形ではなく中の魂なのです。それでは、事例をいくつかご紹介しましょう。

●具体例①～個人の思いをつづった小冊子

島根県益田市にある薬屋「晴快堂」の小冊子『笑顔はくすり』です。この店の薬剤師である奥さまの、個人の思いを綴ったものです。タイトルは『島根のくすり屋さんの体験談』ですが、内容は女性、妻、母そして薬剤師という「1人の女性の仕事と家庭の両立」体験談です。

●具体例②～日常生活にも活かせる小冊子

高知のビルメンテナンス会社「四国管財株式会社」が、お客さまや女性社員などに配布している「ズボラちゃん必見！プロが教えるお掃除上手13のヒント」もおもしろいです。洗剤、窓やカーテン、フローリングなどのパーツごとにお掃除のプロのノウハウを紹介し、大変好評です。このように技術を売っている会社では、プロのノウハウ公開により、お客さまの信頼を得ることができるという例です。

●具体例③～お客さまの立場に立った小冊子

最後に弊社で制作し、多くの住宅会社に提供していて、人気のある小冊子『リフォーム会社の選び方』です。これは、船井総研のコンサルタント五十棲（いそずみ）氏の監修・執筆によるもので、消費者に「良い」リフォーム会社を上手に選んでいただくための方法をまとめたものです。ここに書かれている内容を実行しているリフォーム会社は、この小冊子に社名やロゴを刷り込んでお客さまに配布できるようになっています。

このように小冊子には、自分たちの「メッセージ」、「考え方」を布教することで、お客さまにとっても他人に「語りやすい」、「渡しやすい」ものがあれば、クチコミは、正しく伝わりやすくなるのです。たかが小冊子ですが、独自のものを制作するには意外なほど労力がかかります。それだけに小冊子をもらうと「会社の仕事に対する姿勢」が伝わるのかもしれません。

クチコミを起こすツール２〈名刺は最も優秀なクチコミツール〉

２つ目の小道具は「名刺＋紹介カード」です。初対面で、短時間で相手に記憶してもらう会話のきっかけをつかむかは、名刺１つで大きく変わります。名刺をただの「出会った証拠」ではなく、その後、相手の手元に残ってから「送りこんだ営業マン」となって活躍するように意識して作るのが、私のモットーです。名刺はビジネスマンには不可欠なものだけに、小さな会社が簡単に個性を発揮できるクチコミツールとなり得るのです。

さらに、名刺＋紹介カードの技を紹介します。名刺サイズの紙をいくつかの折にしてカードを兼ねて使う方法です。

名刺をもらった…と思って手に取ると、２つ折りとか３つ折になっていて、商品紹介、会社概要、会社の思い、個人プロフィールなどが入っている、といった多面使いのカードです。

私の名刺も２つ折りです。名刺の多面刷りなんて、コスト高だとお思われるかもしれませんが、意外にも、織り込みチラシやパンフレットをわざわざ作るよりも、確実に情報を「人から人へクチコミで」配布させることができます。

例えば、名刺とポイントカードをセットにしたり、割引券を付けたり、「この部分を切り取ってお友達にお渡しください。持参していただくと、あなたからのご紹介者ということでプレゼントを差し上げます」などと書けば、クチコミ紹介カードに変身します。

クチコミを起こすツール3〈ホームページで「クチコミュニティ化」〉

クチコミを起こす小道具の3つ目はホームページです。

インターネットはクチコミを後押しする強大なツールです。消費者の間では、買い物をする前にはあらかじめ商品情報、評判、価格などをネット検索して比較検討することが当たり前になっています。

そこで、「訪れた人が感激して定着、リピートする」ようなホームページであり、かつ「訪れた人がネット上でリアルタイムに他人にしゃべってくれる」ような、「クチコミュニティ」型のホームページにすれば良いのです。それには次のようなポイントがあります。
①訪れた人が「感動」するものは何か
②訪れた人が自己増殖していく機能は何か
③訪れた人が他人に話す「動機」はあるか
の3つです。

①は、「掲示板」や「ブログ」の活用によって、お客さまが投稿する文章や写真などを掲載するコーナーです。最近ではSNSやミクシーといった、WEB２・０時代ならではの、双方向コミュニケーションが気軽にWEB上で展開できるようになり、企業と顧客の関係もまた新しい発展形になりそうですね。どんな方法であっても、すべての人が積極的に参加しているわけではありません。参加せずに、ROM（見ている）している人は、他のお客さまの満足度を確認するための参考データにしている点がWEBでのコミュニケーションの特徴とも言えます。実は、この層の影響力の方が大きく、買った人の声を読むことができる場は、まさにネット上のクチコミそのものと言えます。

②はいわゆる優良顧客を集めることです。大ファンのお客さまや専門知識のあるお客さまにページそのものをマイページとして使っていただく方法です。コアとなるクチコミリーダーの集団ができていきます。

③のクチコミしてもらう動機の１例は、ネット上でのイベントがあります。紹介キャンペーンを用意し、紹介者の数の多いお客さまをインターネット上で表彰したり「紹介する動機」をイベントとして行なうのです。

自然発生的なクチコミとは違うと思われるでしょうが、お客さまはあなたの会社や店に貢献しようと日々考えているわけではありません。「何か起爆剤」が必要になります。

クチコミを起こすツール4 〈会社案内ではずしてはいけない中身〉

ビジネスとしてだけではなく、採用の際にも、出会った人一人ひとりに自分の会社をきちんとプレゼンするために、会社案内は意識して作ってください。作り方によっては、十分にメッセージを届けるクチコミツールとなります。

私は、「雑誌風会社案内」というものを1例としてお薦めしています。街頭で配布しているチラシも、雑誌風にすると手にとってくれる確立がグーンと高くなります。

会社案内というと、社長さんの顔と「私たちは、未来に向かって…」というかたい言葉の並びが最初の挨拶に載っているものをよく見ます。これでは感動はありません。

代表者の挨拶は、できるだけ「話し言葉」で書きます。そして会社の創業から、過去、現在、未来をストーリー性を持たせて語ること、今日に至るまでの苦労や努力のあるストーリーに人は共感したり、感動したりするのです。

人は、その会社が自分たち以外のよその人との間ではどんな仕事をしているのかを気にします。実績のあるところの方が安心だし、きちんとしたノウハウがあるように感じます。そこで、お客さまの感想や、仕事の実績、事例を載せると説得力が増し、任せても安心な会社として捉えられます。

弊社の会社案内も雑誌風です。制作するときは、次の2点を意識しています。

Ⅰ:「1本立てる」が相手にきちんと伝わるように。自分たちの会社の特徴、得意分野をはっきり伝えられているか

Ⅱ：自分がもらって読みたいと思えるかどうかです。

具体的には、次の６点をポイントにしています。

①経営者の人柄、社風、思想を出した個人の感情に訴えるつくり
②イメージは記事型、取材型のビジネス雑誌
③商品の紹介で終わらせず、独自性を打ち出す
④お客さまの利益を考え、どのようなメリットがあるのかを明示する
⑤実際のお客さまの声を掲載して実績を示す
⑥対象となるお客さま向けの雑誌を参考にしたデザイン

雑誌風会社案内はちょっと捨てにくく、とっておきたくなるように制作するのがコツです。

名刺やチラシと同様に、会社案内は人から人に手渡されていきます。これがクチコミを広げるツールになることを意識して制作するかどうかで、その会社のクチコミ度が大きく変わるのです。

５・クチコミを起こす具体的方法

まずは身内から感動を伝えよう

まずは、社内の人たちを魅了できなければ、クチコミで他人であるお客さまの心なんて動かせません。

思いや熱意を自分の言葉で語る場を社内で用意し、まずは社内にクチコミをして、社内からクチコミを起こすことが重要です。コツは次の4つです。

①伝達しやすいチラシや資料を作成する
②資料を配布して言葉で説明する
③手書きの文章を添えて回覧する
④上司や幹部の協力を得る

クチコミは身内に伝え、身内を巻き込み、身内が動くことで増幅効果が高まります。身内ほど強いクチコミはありません。他人のクチコミの数倍の効果があります。

長期的なクチコミを本気で考えるなら「会社を丸ごと商品化」することです。そのためには会社の理念・信条などを明確にして社員に向けて「クチコミ」をするのです。

弊社では、行動指針をクレドにして全社員が常に携帯しています。クレドとは、自分たちのサービスに対する姿勢や、考え方を文書化したもので、その会社のらしさの行動基準が明確になります。

イキイキと自分の会社のことを話す社員の姿そのものが、お客さまに会社への安心感、信頼感を与えます。そして、クチコミで会社の売上げを伸ばしたいなら、まず身内である社員が会社や商品の良さを自然に自分の言葉で語れることが大切です。ポイントは次の4点です。

①会社の理念や信条を書いたものを、常に目にすることのできるところに置く
②中堅管理職がイキイキを働くことのできる環境をつくる

③社員一人ひとりが、会社のことを誰かにきちんと説明することができるようにする
④社員全員が自分の言葉で会社や商品の良さを語ることができるようにする

6・お客さまと共に成長するために

これからのエネルギー業界への新たな提案～CSレディ～

クチコミで伸びる会社になるためには、まず次の３点を整理する必要があります。

①自社確認（どのくらいクチコミによる新規顧客のルートがあるかを確認する）
②客観確認（クチコミの中身を確認する）
③環境確認（広く外から顧客と会社を相関させる）

これらの確認によって、お客さまの暮らし方を探ることができます。これがクチコミの第１歩といえます。お客さまと成長するためには、次の４点を意識することが重要です。

①お客さまとの出会いづくり
②お客さまとの出会いは始まり
③お客さまとの関係をつなぎとめる
④出会いの頻度を増やし、共に成長

特に顧客数を増やすためには、新規客の獲得、もうひとつはリピート客の増加が必要になります。

つまり、クチコミで伸びる会社の仕組みづくりには、新規のお客さまに対するその後のフォローが欠かせません。そしてクチコミ以外の即効性のある媒体を使って新規客の獲得を積極的にしながら、やってきたお客さまをどうコミュニケーションをとるかの2本立てで考えたほうが、より効果が得られます。「クチコミュニティ」は、個人と会社、個人と個人の間で、いかにコミュニケーションを行ない、ファンになっていただくかを意識しようというものです。

どんなお客さまも出会いの頻度が増えると自然にその会社の名前を記憶し、いざというときに思い出します。「顧客」には、定期的な訪問システム。アフターフォロー、メンテナンスサービス、など定期的フォローが必要です。この他「見込み客」には、セミナー勉強会等でじっくり説明したり、情報を提供します。「接触者」には、メールやDMなどで近況情報を届けます。

どれも読んでいただき、自分がもらってうれしいか、役にたったと感じていただけるような工夫をします。

いますぐ買うお客さまだけを追っていては、売上げは伸びません。「向こうから接触してきた人」と、いかにお見合いを成功させ、お付き合いを続けて、成約に至るか、このプロセスが重要なのです。

今後10年間のライフスタイルは大きく変化しそうです。35歳の人が独身の確率は男性50%、女性30%、総金融資産の70%以上を有する50歳以上が2人に1人へと年齢構成も大きく変わろうとしています。

少子高齢化が進めば、労働力の不足も予測されます。現在未就労でいる主婦を、労働力として活用する一方法として、弊社では、〝CSレディ〟という請負型派遣を推進しています。具体的には、ガスや、電気等のエネルギー関連業務において、集金や、データ集計のために定期的に顧客を訪問するというものです。

地域に必ず必要とされる生活エネルギー。その供給・点検をしながら、1人暮らしのお年寄りとコミュニケーションをとったり、家に上げてもらいながら、お客さまと直接会話し、そこから不満や問題点等の情報を収集するというものです。

企業にとっても、地域にとっても人を救うビジネスの側面もあり、社会的貢献度の高いビジネスともいえそうです。こうした人と人とのコミュニケーションをつなぐビジネスこそ、クチコミの効果が大きく影響する分野ではないでしょうか？

日本は今後ますます、サービス超大国へと向かいます。「クチコミュニティ」は、人が介在しているだけに、実体が見えにくいものです。いまはその人の心を動かすことさえも、いつの間にか仕掛けられてしまう時代です。たった1人の発言が人々の感性を刺激し、企業の運命を左右してしまうこともあります。

しかし、企業側は誠実な仕事やサービスを提供することで社会的責任を果たし、また消費者側でも、あふれる情報の中から真実を見極め、判断する目を持つ努力をすることで、企業にとっても、消費者個人にとってもwin–winの関係が生まれるのです。「クチコミュニティ」は結局は人の心を動かすマーケティング手法なのです。

第4章　とっておきの「クチコミ」活用術
―実践！　クチコミマーケティングの仕掛け方―

日野　佳恵子（ひの　かえこ）
株式会社ハー・ストーリィ代表取締役

島根県出身。

タウン誌編集長、広告代理店プランナーを経て、現副社長のさとうみどりと二人で90年に広島市で主婦市場を専門とするマーケティング&コンサルティング会社を設立。元祖クチコミマーケティング提唱者としてクチコミをビジネスに生かせる仕組みやコミュニティ作りを推進し、「クチコミュニティ・マーケティング」という独自のビジネスモデルを確立した。

公職として労働局主管、中国・四国ブロック仕事と生活の調和推進会議委員、広島県女性起業塾マーケティング講師、（社）中国地域ニュービジネス協議会広島支部女性部会部会長などを務める。

主な著書に「クチコミュニティ・マーケティング」朝日新聞社、「クチコミだけでお客様が100倍増えた！」PHP出版社、「ファンサイトマーケティング」ダイヤモンド社、「社長、女のセンスを生かせなくて会社が伸びますか」三笠書房など。

2003年 日経ウーマン　ウーマン・オブ・ザ・イヤー2003　リーダー部門第9位受賞、
2004年 平成16年度「女性のチャレンジ賞」受賞（内閣府男女共同参画局）
※「クチコミュニティ」は、（株）ハー・ストーリィの登録商標です。

第5章　大切な顧客の心をつかむ営業心得
——夜の銀座のクラブに学ぶサービスの本質とは

ル・ジャルダン　望月明美

2万軒ものクラブがしのぎを削る夜の東京・銀座。そんな激戦地にありながら、座っただけで4万円、ボトルを入れて8万円という高級店「ル・ジャルダン」が連日のにぎわいを見せている。

地域独占が約束された公益事業と違って、弱肉強食の論理がまかり通るこの業界では、差別化なしで生き残っていくことは極めて難しい。要は、1杯のウイスキーに、いかに付加価値を与えることができるかが、勝敗を左右するのだ。

華やかな世界の裏に隠された、良質な顧客を増やすための接待術や従業員育成のノウハウ——。究極のサービス産業で培われた〝営業心得〟は、他のビジネスでも大きなヒントとなるものだ。

１・もっとも大切なのはお客さまの心を読む「目」

よくある勘違い

私たち、接客業で最も大切なことは、「お客さまの心を読む目」だと思います。

けれども、お客さま方の心を正確に読み取ることは、たいへん難しいことです。お店の女の子たちの営業の様子を見ていても、あまりにもポイントがズレてしまっていて唖然としてしまうことも、結構多くあるものなのです。

いくつか例を上げてみましょう。

例えば、初対面のお客さまが、「禁煙して2年になるんだ」と、ホステスに話しかけてきたとしましょう。たいていプロのホステスならば、瞬間的に「もう、少しもお辛くはありませんか?」とか、「2年前には、何がきっかけでおタバコおやめになられたのですか?」といった質問を返すと思います。そして、お客さまの顔色を見ながら、「何故やめたのか?」というやめた理由についてのお話しをお伺いするのが良いのか、あるいは「どんな風にやめたのか、禁煙シールなのか、簡単にやめられたのか」といった、やめ方を中心に進めた方が良いのかを考えます。

ところが、ポイントが判らないホステスの場合ですと、「はぁそうですか～」と無反応になって、お客さまが盛り上がる話題を見逃してしまったり、「私は、タバコを吸っています。好きなタバコをやめるなんて、かえって健康に悪そうじゃないですか」などと、自分の意見を押し付けてしまったりして、お客さまのご気分を損ねてしまうのです。

またこういった場合もあります。先日、他のクラブへ遊びに行きましたら、女性週刊誌のネタになりそうな芸能人の話題を、おもしろおかしく上手にお話ししてくれる女の子がいました。

けれども、しばらくすると、ちょっとやり過ぎといった感じで、話題が卑猥で下品になってきてしまいました。当店の女の子なら、迷わず「いい加減にしなさい」とたしなめ、即座にやめさせるところですが、他店ですから、私もお付き合いして笑いながら聞いていました。

彼女はとても美人でしたし、それなりに話術もありますし、自分をお高く見せることなくバカ話をするプロ根性には本当に感心しました。でも、彼女が売り上げを上げるために、芸能ネタやエッチなお話でお席を盛り上げているつもりなら、失敗しているなぁ…と率直に思いました。

お客さまが喜んで笑ってくださるからといって、下品な話題に振り過ぎてしまいますと、その場ではウケてお声も掛かるでしょうが、そういう女性と会うことを目当てに、大金をかけて通おうと思う男性は、案外といないものです。

『お客さまが笑って喜んでいる→だからまた来店してくださるだろう』というものでは、決してありません。どんな場合でも、銀座のクラブの女らしい雰囲気が大切。品格を失うようなことは、絶対にあってはいけません。

『お客さまが激怒→2度と来店されない』も大間違い

よくある勘違いのひとつが、ものすごい勢いで激怒されるお客さまについてです。好みの女の子が席に着かなかった。ボトルがすぐに出てこなかった。自分の席が狭くて気に入らなかった…などなど、取るに足らないことで、激怒するお客さまがいらっしゃいます。

若い女の子たちは、きっとあまり怒られた経験がないのでしょうね。激怒するお客さまにビックリしてしまって、平身低頭謝ったり、泣き出したり、お詫びにと週末のデートにお付き合いしてご機嫌をとろうとする子もいます。「そんなに怒るなんて、オトナ気ないです！こんな人だとは思わなかった！」など、一緒になって怒ってしまい、お客さまと親しくなれるせっかくのチャンスを台無しにしてしまう女の子もいます。

『怒っているうちは絶対に大丈夫。きっとまた来店してくださる』というのは、私たちのお仕事の鉄則です。私たちホステスへの〝好意〟の反対語は、〝無関心〟であって、〝怒り〟ではありません。

冷静に常套句のお詫びをして、手土産を持って会社へお詫びのご挨拶にお伺いして、あとは待つこと。再びご来店いただけたときに改めて頭を下げ、お詫びのワインなりフルーツなりでサービスをすれば良いのです。

お詫びの仕方に誠意と熱意を見せることによって、かえってお客さまともっと親しくなれるチャンスであったりするのです。決してお客さまの激情に流されてはいけません。「冷静に淡々と」が大事なことです。

お客さまの好意と勘違い

また、お客さまはその女の子に特別な好意など持っていないのに、女の子の方では、自分のことを気に入ってくださっていると、一方的に勘違いしてしまうというパターンもよくあります。

単なるお世辞には、慣れっこになっているはずの銀座の女の子たちでも、この手の勘違いは多いので、少し書かせてください。

例えば、Aさんというお客さまが、B子ちゃんを気に入ったとしましょう、

Aさんは、B子ちゃんを本気で気に入ったので、何度もお店に足を運んでくださるのですが、たいていの場合、当のB子ちゃんは売れっ子で、ずっとAさんのお席に座っているわけではありません。それでもせっかく飲みに来ているのですから、どうせならもっと楽しく…というのは、お客さまの心理として当然のことです。

Aさんは、お店でB子ちゃん以外のいろいろな女の子たちにもお世辞を言ったり、優しい言葉をかけたりし始めます。それで他の女の子が、自分が気に入られているんだ…などと、うぬぼれてしまっては大間違いです。

『他の女の子の成績ではあるけれど、お客さまがお店に通ってくる度、自分に優しい言葉をかけてくれる→自分を気に入っている』

という図式で理解してしまうのは、お客さまの心を正しく見抜いていないことになります。

これは、私自身が日々実感することなのですが、気に入った女の子を目当てに飲みにいらしているお

客さまは、その女の子と親しいお客さまほど、もしくはその女の子に惚れていればいるほど、私に対して礼儀正しくされます。

「ママ、いつもありがとう。」とか、「良いお店と知り合えて、本当に助かっています。」などと、少々卑屈なくらいに私を持ち上げてくださったり、ちょっとしたお土産をお持ちになられたりします。

それを、万一にも、私自身が気に入られているとか、お店の力だなどと勘違いして、女の子の努力を認めてあげないようなことがあったりしますと、大失敗になります。お客さまに対しては、ひたすら低姿勢に徹し、精一杯におもてなしをして、女の子には働きに見合った報酬を考えてあげなくてはなりません。

伝えていきたい歓待とおもてなしの心

ある日のこと、私としては、新人のC子ちゃんにチャンスを与えるつもりで、「あの右の眼鏡のお客さまを、お食事に誘ってみてくれる?」と言ったところ、C子ちゃんはムスっとした表情で「私、お客さんと寝るなんてこと、できませんから」と答えられてしまい、あきれて二の句が告げなくなったことがありました。

「私はそんなこと、言っていません!あなたはこの店がそんなお店だと思っているの?食事に誘ってと言っているだけで、なぜそんな風に取るの?どうかしている!」と、あまりのバカバカしさに私もつい激しく怒ってしまったのですが、よくよく話を聞いてみますと、「何が何でもがんばらなくては、そろそろクビになるかも…」と、C子ちゃんがせっぱ詰まった想いでいたからこそ出てきた言葉だったようです。

会話が上手な女の子ですと、あまりくだらない話題にならないのですが、話題がない女の子だと、お客さまも退屈しのぎに「どうだ、俺と付き合わないか」とか、「今夜、ホテルに来ないか」などという言葉をかけて、退屈しのぎをなさいます。C子ちゃんは、その手の話をすっかり本気に受け取ってしまっていたようでした。

お客さまのほんの軽口から、お客さまとそういうお付き合いをしないと、指名が付かないのでは…と、勘違いする女の子もいるようですが、もちろん、銀座のクラブはそんなお店ではありません。

C子ちゃんには「お客さまがそんなくだらない冗談を言って楽しむしかないくらい、あなたの会話が下手なのよ」とお説教してから、次のように説明しました。

ひとつめ、銀座にはそれなりの伝統がある。まず業界的にも、ちょっと特殊な言葉や符丁（合言葉）、伝統的な言い回し、独特の習慣などもあるので、それを早く覚えなくてはならない。銀座のクラブでは、「俺と付き合おう」と言われて、「ステキね」と答えてもOKの意味ではない。むしろ、そうやってどんどん積極的に切り返すように言葉を返していかなくてはいけないということ。

2つめ、銀座の習慣や伝統には、多少特殊な面があるけれども、いままでご両親や学校で教わってきたことと相反するようなものでは決してない。嘘をつきなさい、お世辞を言いなさい、騙しなさいなんてことは絶対に要求しない。そもそも、銀座のお客さま方は、社会的に成功なさった方ばかりで、人を見る目も肥えていらっしゃるので、女の子が騙そうなどと思っても無理だということ。

3つめ、「ル・ジャルダン」の値段は、ボトルが入っていて座っただけなら4万円弱、お1人で新規に1番安いボトルを入れて8万円弱くらい。そんな金額を払ってまで、お客さまは何を求めてご来店なさっているのか、よくよく考えてみること。

C子ちゃんが考えているようなお付き合いだけが目的なら、お客さまは最初からそういうお店に行くでしょう。もっと手頃な値段でそれなりの技術を持った女性が充分なサービスしてくれるお店もあるし、手軽に女性と知り合える方法は他にいくらでもあるのだから、お客さまもそんな即物的なことを求めてご来店なさってらっしゃるのではない。

4つめ、お客さまは、銀座のクラブ独特のときめき、ひとときの夢の空間を求めていらっしゃってい る。C子ちゃんが、小さい頃にデズニーランドへ行って、お姫様の服を着て写真を撮ったこと思い出して欲しい。銀座のクラブは『殿方にとってのデズニーランド』のようなものである。

5つめ、ちょっとした冗談に振り回されてはいけない。本気で口説かれるのと、ただかまわれているのとの違いがはっきり判るようになりなさい。

今のC子ちゃんの段階は、かまわれているだけ。銀座のお客さまは、地位と名誉とお金を存分にお持ちの力のある大人の男性である。女の子を本当で気に入れば、お金を惜しまず使う場所なのだ。それも銀座の慣習。〝本気ならお金を使う〟と覚えなさい。

6つめ、クラブやスナックで、ホステスがお客さまをお食事にお誘いするのは、ほとんどエチケットの部類である。お客さまをお食事に誘うというのは、「お客さまはお店の外でもお目に掛かりたいほど魅力的な方です」と言っていることだと理解すること。

懇々と説明しましたら、C子ちゃんも納得してくれた様子でした。

これらのことをひと言で言うなら、「魚を食べたい人は魚屋へ行く、クラブへ来るのは魚釣りをしたい人」であるということだと思います。私もこのような話しをするときは、先輩方から教えられた言葉を伝えるので、その都度ひと言ひと言をかみ締めてみるように繰り返してきました。

いろいろな例を上げてまいりましたが、お客さまの言葉や言動と、お客さまの心とは、このように大きく違うものです。これをどう読むか、どのようにその心の動きを誘導するのかが、私たちにとって、とても大切なことです。

塩野七生さんの『ローマ人の物語』（新潮文庫）の中に、クレオパトラが、アントニウスに対して行なった歓待について書かれているくだりがあります。

『歓待とは、客人が無意識下で望んでいたものを提供することである。ただし、それだけでは充分ではない。客人は満足しても、いつかは飽きるからだ。ゆえに、客人が無意識下に望んでいたことを与えつつも、同時に思いもしなかったものを提供することで、それにプラス・アルファする必要がある。』

とあります。まさにこの通りです。

銀座のクラブは、お客さまがご自分でも気が付いていらっしゃらない、潜在意識のその下に眠っているときめき、憧れの気持ちを、具体化して目の前に繰り広げるものでありたいと思っています。

2・競合他社との差別化をどう考えるか

苦い経験から得た独自のシステムで勝負

ひと頃より減ったとは言われても、銀座にはいまでもおよそ2万軒のクラブがひしめきあっています。どこのクラブで飲んでも、それほど値段は変わりませんから、差別化については、やはりいろいろと考えさせられます。

「ル・ジャルダン」のシステムは、他の銀座のクラブとはかなり違っています。簡単に、そしてわかりやすく言いますと、一般的な銀座のクラブとキャバクラの中間のようなシステムだと思います。今から10年前、私は31歳のときにこの「ル・ジャルダン」を始めましたが、開店当初は、ごく一般的な銀座のクラブのシステムでした。現在のシステムを採用するきっかけになった、ひとつの経験談をお話ししましょう。

開店して半年ほど経ったある日のこと。「おはよう」と、いつものようにお店に入って行くと、お店の様子が、何かオカシイ…。30数人いるはずの女の子が半分くらいしか出勤していません。

一体何が起こったのかと思いましたら、スタッフのトップの男性とその次の男性とが結託して、隣のビルに新しくオープンするクラブに、「ル・ジャルダン」にいた女の子の半分以上を引き抜いて移籍してしまっていたのです。

目の前が、真っ暗になったあの瞬間のこと、本当に昨日のことのように覚えています。それ以来、スカウトマンに頼る経営は嫌だと考えるようになりました。

銀座の大きなクラブの多くは、今もスカウトマンによって女の子を集めています。

「ある程度経験を積んで、何組かのお客が呼べるようになった女の子を、いままでより高い日給で他の店に移動させる」これが、スカウトマンの仕事です。

ひと昔前でしたら、〝三方いいことづくめ〟の移籍を演出することも簡単でした。〝三方いいことづくめ〟とは、お店を移る女の子は売り上げが上がって日給が上がり、引き抜かれてしまったお店は困りますが、引き抜いたお店は儲かり、お客さまは2軒のお店から競争で大事にされて気分が良いということです。

けれども、時代は変わりました。銀座のスカウトシステムは、いまの時代に取り残されていると、私は思います。

確かに、綺麗で気も効いてお客さまに人気のある女の子は、自分に自信があってお金で動くことが多いのですが、男性スカウトマンによる女の子の引き抜き合戦は、お客さまへの飲み代の高騰に直結します。

いまの時代、景気は戻っても、接待費は引き締められたままのように感じます。お客さまが、何軒もクラブを梯子して飲み歩くのが普通だった時代には、女の子を引き抜くことによって、お客さま方が回ってきたものですが、最近、お店を梯子するお客さまが、めっきりと少なくなりました。

そのような状況ですから、よほど優秀なスカウトマンでないと、ペイする女の子をスカウトできなくなっています。他店を首になった仕事のできない女の子ばかり連れてくるスカウトマンも多いと聞いています。

また、スカウトマンが連れてくる女の子のお客さまは、向こうが見えないことも多く、どんなお仕事をされているのかもわからないような方もいて、そういうお客さまに、売り掛け（ツケ）でお酒を売ることは、危険だと感じます。

売り掛け（ツケ）で接客をする女の子とお店とは、きちんとした保証人を付けて契約するのですが、それでもトラブルになることも多く、面倒なことばかりなので、かなりの儲けが見込めるような場合でなければ契約する価値はないように思います。

また、スカウトマンによって運営されるクラブは、高騰する日給でもペイするように、女の子たちにノルマを課します。ノルマは、1回達成できないと、1日分の日給が引かれます。

平均的な銀座のクラブのノルマは、普段の同伴ノルマが月に4回で、2ヵ月に1度は、パーティーが催され、パーティー期間中は、1週間で10組20組などとノルマが課され、これも達成できないと、1日分のお給料が引かれるといったもののようです。

女の子の日給が高額なことで有名なクラブでは、普段の月の同伴ノルマが8回で、月末になると、「今月は、あと10組、確保お願いします」などと、かなり無理なノルマを急に課されることもあるそうです。

「ル・ジャルダン」には一切ノルマがありません。「売り上げ＞女の子たちのお給料」にならないと、お店がやっていけないのはよくわかりますし、ノルマを課すことがのんびり屋さんたちを働かせる為の、何よりの早道だということは、私も10年経験してよく理解しています。

でも、むやみなノルマは、かえってお客さまの質も女の子の質も下げてしまいます。特に、いかにもホステスからの罰金が引きたいといった印象の、強引な日程で限定した同伴ノルマは、暇なお客さまにしか対応していただけませんから、優秀なビジネスマンなどの、本来の銀座のお客さまを追いかける余裕が、女の子たちになくなってしまいます。女の子たちが卑屈な営業になってしまうのも悪循環だと思います。

けれども、バブルの頃からの生き残りの経営者や、若手の優秀なスカウトマンは、いまの銀座にも健在です。私から見ると前世紀の遺物のようなシステムですが、未だ上手に使いこなして繁盛しているお店もたくさんあります。

やはり、銀座の多くの女の子たちは、お金が目当てで仕事をしているわけでして、成功報酬を約束し、働く女の子たちの信頼を得て、良い意味で上手におだて、飴と鞭を使い分けて利益を得ている経営者の方を、私もライバル視すると同時にとても尊敬しています。

差別化の具体的な手法

さて、そんな銀座事情の中で、どう差別化を図って行くか、ですが、

①「ル・ジャルダン」というクラブのファンのお客さまが多くいらっしゃること。そのお客さまの質

が良いこと。

②女の子たちの質が良いこと。素人っぽくとも、個性的で性格が良く、話していておもしろいこと。

の２点が、「ル・ジャルダン」の特徴であり、そして唯一の強み、財産だと思っています。

まず、①を達成する為に、当店では値段に気を遣っています。女の子が30数名揃う規模のクラブの中では、他店より少しだけ値段が安く、完全に明朗会計です。お客さまが注文なさった以上のものが出ることは、決してありません。

さらに「ル・ジャルダン」固有のお客さまを維持し、なおかつ開拓して行くために、「ル・ジャルダン便り」というお手紙を月に１度お送りしています。ＨＰも充実させて、女の子たちの情報をなるべく多くお届けしたいと思っています。

お中元やお歳暮など、お客さまにプレゼントすることも重要な営業活動のひとつです。もう20年にもわたってお歳暮を贈らせていただいている、長いお付き合いのお客さま方もいらっしゃいます。

②のような、何よりも肝心な女の子の質についてですが、求人雑誌やネットなど、広く募集を出して、応募してきてくれた女の子の中から、ヤル気があって、性格の良い子を選び、良い環境の中で育って行くことを待つのが、１番早くて確実なように思っています。

残念ながら、当店にはあまり美人はいない…などと言われたりします。いえ、おそらく美人はいるのですが、なぜか、真面目でしまり屋の女の子が多く、派手な化粧や衣装で飾る子が少ないので、元々のお顔は、他店と比べて、そんなに遜色はないと思うのですが…正直、ものすごい美人には見えない、ということはあるような気がします。「ル・ジャルダン」の入っているビルには、14軒のクラブが営業していますが、当店の女の子たちは、判別しやすいと言われたこともあります。確かに…そんな感じも致しますネ。

しかし、会話やマナーは、徹底的に指導しているつもりですので、〝おもてなし〟に関してはかなり上手な方ではないかと、ちょっぴり自負しています。

「ル・ジャルダン」の特徴のひとつに、女の子からお客さまへの〝次の日のお礼〟に、徹底して力を入れていることがあるかと思います。この方法は、女の子へのマネジメントについてと話が重なりますので、もう少しあとでお話しさせてください。

「ル・ジャルダン」は、元々のシステムからして他店とは違っています。ノルマで縛ることがなく、スカウトに頼って女の子を集めません。また、お店がお客さまを選別させていただいています。これだけでも、ある程度の特徴あるお店ができ上がるように思っています。

3・売り上げを伸ばす従業員のマネジメント

尊敬される経営者であること

「ル・ジャルダン」では、女の子たちの教育にとても力を入れています。

まず大切なことは、『ホステスという仕事にプライドを持ってもらう』ことだと思っています。「お母さんや、家族には秘密」とか、「彼にバレたら困る」などと言っているうちは、絶対に売れません。「私、こんなスゴいお店に雇ってもらっているのよ」というような気持ちで働く女の子が、絶対伸びてきます。

女の子たちがこの仕事に就く動機のひとつに、「普通のＯＬだったら、お話しもできないような方と親しく接してみたい」というものがありますので、女の子たちが憧れるようなステキなお客さまを集めるように、お店全体でもがんばっています。

また、中小企業の社長さんに、雇用者を自分に惚れさせるというか、自分に憧れさせる必要があると、おっしゃる方がいますが、私もその通りだと思います。銀座のクラブという求心力が弱い組織では、特に、ママが従業員に好かれているということが重要だと思います。ママとして、ある程度は尊敬されていないと、意見やアドバイスをしても聞き入れてもらえません。

私が、お化粧やスタイルに気を配り、本を出版したり、このような場所に文章を書かせていただいたりしますのもその為の活動の一環であり、こうした機会は有難いと思っています。

また、女の子たちにヤル気を出してもらう為には、働きやすいことが重要です。特に、当店の場合は、水商売の経験がない、銀座が初めて、という女の子たちが多いですから、何かと気を遣います。まずは女の子たちのことをよく知って、理解してあげることが大事だと思っています。どこに住んでいるのか、昼間は何をしているのか、出身地、最終学歴、育った家庭環境、趣味や得意なお客さまのタイプ、何のために当店にやって来たのか、くらいのことは最低限でも知っておかなくては、ママの仕事は勤まりません。

仕事を通じて自分のグレードを上げる意識を持たせる

私が最初の新人ミーティングで必ず話すことが2つあります。

①一流の男性と接することにより、男性を正しく見抜き、思い通りに動かす術を学んでください。

私は、新人の女の子たちに、次のように語りかけます。

これまで、男性とお付き合いして、辛い思いをしたことありませんか？この仕事をしていて、プロになってくると、あまり辛い思いはしなくなります。幸せにしてくれる男性を、正しく見抜けるようになります。「これぞ！」という男性を見抜いて、自分が見込んだ男性を、思い通りに口説き落としてみたいとは思いませんか？

銀座で学んだことは、他の仕事に就いたときにも必ず役に立ちます。OLになってからも上司を、部下を、担当する会社のキーマンを、今より自在に動かせるようになります。

「ル・ジャルダン」で働くことを音楽に例えてみましょう。いつも高校のブラスバンドの演奏だけ聞いていては、クラシックが判るようになりません。サントリーホールなど一流の施設で、本物の演奏に触れていると、高校のブラスバンドのクラシックを聞いたときに、あそこがオカシイ、ここが違うと、わかるようになるのと似ています。

「ル・ジャルダン」には、社会的に成功した本物のお客さまがご来店なさっています。いろいろな男性を見てください。親しくお話ししてみてください。何を考えていらっしゃるのか、どんなことを、どんな風に感じていらっしゃるのか、この人をわかろう、理解しようと思いながら、お付き合いしてみてください。その内に、隣に座っただけで相手の方の考えていることが、手に取るようにわかるようになります。

せっかく銀座で働くのですから、会った瞬間にその匂いで男性を判断できるくらいになってください。

ちょっと大袈裟に聞こえるかもしれませんが、でも、男性を見る目に進歩があることだけは確かですので、ご容赦願いたいと思います。

②お金を稼いで、自分を磨くために使ってください。

銀座には、お金のなる木が生えています。それは、お客さまの心の中に、お金と実をたわわに実らせて、いっぱい生えています。どうぞもぎ取ってください。

「売り上げ＞お給料」という図式になりますと、お給料が、どんどん上がって行くのは、水商売の共通のルールです。お客さま方から引っ張りだこになる売れっ子になってください。「ル・ジャルダン」でも売り上げの上位のお姉さん方は皆、手取りで月に100万円以上を稼いでいます。〝1年以内に、手取り100万円以上〟を目標にしてください。

「ル・ジャルダン」では、1ヵ月に2回の定例ミーティングを中心に、ホステスとしての心得を私が先頭に立って、時にはスタッフや先輩の女の子たちも一所懸命にお話しをします。それ以外の時間にも、「これは！」と才能の片鱗を感じる女の子はすぐに呼び出して、いろいろと話をするようにしています。

具体的にどんなことを話しているのかは、この文章の最後の方に書いた『ホステスの心得』を、ご参考になさってみてください。

女の子が育っていくおもしろさ

月に1度のお手紙を欠かさないお客さまだけでも、現在は2000人以上いらして、「ル・ジャルダン」には、潜在的なお客さまがたくさんいらっしゃいます。なので、魅力的な女の子が入店してきたり、新人の女の子が磨かれて成長したりしてきますと、次々に指名が入って、その女の子はあっと言う間に売れっ子になって行きます。

どんなお客さまが、その女の子のファンとして付いてくださるのか、それは私が最も楽しみに思っていることです。優しい女の子には情の深いお客さま。気が短く我儘な女の子には短気なお客さま。性格のねじれた子には気難しいお客さま。ちょっと変わった女の子には、個性的なお客さま…。お客さまは、女の子自身を映し出す鏡です。まさに、割れ鍋に綴じ蓋、類は友を呼ぶ、です。

新人の女の子たちとは出会ったばかりですが、お客さま方とのお付き合いは長く、それぞれのお客さまの飲み癖や性格をよく知っていることが多いものですから、私にとってお客さまがよく映る鏡であり、リトマス試験紙のようなものです。見ていてとてもおもしろいです。

素人の女の子を育てていると、目的の金額を貯めたので…と退店して行ってしまう子や、就職が決まって辞めていく子、他店へスカウトされていく子や、自分のお店を持つ子など、いろいろといます。

せっかく育て上げて、これからが楽しみというときに、退店して行く女の子やスタッフたちにムッとしていた時期もありましたし、1番可愛がっている女の子から順番に他店に移籍してしまって、胃潰瘍になるくらい悩んだこともありました。でも、最近は違ってきています。

何人かの取りこぼしがあったとしても、本当に売れる女の子たち、敵に回したくないスタッフたちは、「ル・ジャルダン」に残ってくれています。ちょっと極端な例ですが、自動車事故で亡くなる方がいても、自動車そのものを否定しないように、ある程度の損失は仕方がないと思えるようになりました。

〝サンマ方式〟と呼んでいますが、「ル・ジャルダン」は、次から次へと新人を発掘しているお店で良いと思っています。サメに、クジラに、人間に、いくら食べられても、どんどん生まれて大きく群れをなす〝サンマ〟のように、ホステスを育てていきたいと思います。

核になる女の子たちも、だいぶ育ってきてくれました。たかだか30坪くらいのお店ですから、その席が、いっぱいになるだけの女の子を育てておけば良いのだと、考えています。

一緒に働いている間は、女の子たちに自分にできる精一杯のことをしてあげよう。せっかく私の大好きな銀座に働きにきてくれた女の子たちだから、この街のおもしろいこと、たくさん見せてあげたい。これからの人生に少しでも役に立つように、ホステスの技を教えてあげよう、と思います。

開き直りに聞こえてしまうかもしれませんが、女の子を育て上げることを喜びとし、やりがいのある仕事のひとつとして楽しむようになってきています。

女の子をヤル気にさせる「メンバー」という仕事

女の子たちをヤル気にさせるための重要な仕事として〝メンバー〟の動かし方があると思います。〝メンバー〟というのは、「どの女の子を、どのお客さまの席に座らせるのか」を決める、男性スタッフの呼び名です。営業時間中、〝メンバー〟は、常にお客さまと女の子の雰囲気に気を配り、A子ちゃんとB子ちゃんを入れ替えたり、お見送りにC子ちゃんを、エレベーターの前で呼んだりします。

当店でも、〝メンバー〟の男性スタッフがいて、基本的には、その〝メンバー〟が女の子が座る席を決めています。でも、私はかなり細かく口を出すママのようです。「D子ちゃんとE子ちゃんを入れ替える。まず、D子ちゃんをここに呼んで。」とか「F子ちゃんに、左のお客さまともっとおしゃべりするように言ってきて。」とか「G子ちゃんに、お客さまをアフターに誘うように言って。」などと、〝メンバー〟を通じて指示を出しています。

私の考える〝メンバー〟は、〝戦闘の司令官〟です。

例えば、戦国時代などの昔の合戦の話に、初め真ん中に陣取った本隊が、わざと崩れると見せかけて、敵を油断させ、右後方から騎馬隊を突撃させ、さらに左前方から、精鋭部隊を突入させる…という作戦が出てきますよね。

それと同じような感じで、初めに新人の女の子を付けて様子を見てから、お気に入りの女の子と30分程度2人で話しをしてもらい、次にママとお姉さんで盛り上げて…などと、なかなか計画通りにはいかないのですが、そこは臨機応変に、組み立てて行くのです。

ちょっと極端な言い方になりますが、当店の30数名のホステスさんの内で、どのお席に付いても、お客さまを満足させられるホステスが、約10人。お客さまによっては不快にさせてしまうかも知れないホステスが約5人。残りの20数名は、隣のお席のお客さまとの相性しだいで、魅力を発揮したり全く駄目だったりします。

また、大雑把な区切りですが、お客さまが30数名来店なさっていたとして、どうしても失敗できないVIPのお客さまが約10名、女の子たちがいくらがんばっても当店のお客さまになり得ない方、来店できない方が約5名、残りの20数名は、その日のサービスの良し悪しによって、次に来店されるかされないかが決まるお客さまのように思います。

ですから、お客さまと女の子たちの組み合わせ次第で、つまり、メンバーの仕切り方次第で、当店の持てる100の力を、200にも400にも1000にも増幅させることができますし、失敗してしまうと、せっかくの力が10にも20にもなってしまいます。

メンバーは、効率よく仕切る為に、それぞれの女の子たちの特徴や性格、向き不向き、能力、得意なお客さまの範囲などを、しっかり把握していなくてはなりません。

お客さまの女の子の好みや、飲み方の傾向などを、きちんと覚えておくことも大切になります。

女の子たちへは、お客さまのお席に着いてもらう前に、なるべく説明するようにしています。

「あのお客さまは大事な方なの。よろしく頼むね。」

「あのお客さまとあなたなら何となく気が合うと思って呼んだの。がんばってみて。」

「そこのお客さまが、あなたにひと目惚れだって呼んでらっしゃるの。良いお客さまよ。」などと、女の子にひと言でも声を掛けるのと掛けないのでは、かなり結果が変わってくるように思います。

「あなたに任せようと思うの。」とか「できるとしたら、あなたくらいしか思いつかない。」という感じが、なるべく伝わるようにと思っています。

そして、その女の子がお客さまに気に入ってもらえて、再度来店がいただけたときには、その女の子の成績として認め、きちんとお給料に反映させて評価することが、ヤル気を掻き立てるために必要なことだと思います。

4・ホステスの基本動作

起承転結

新人のホステスに、初めの講習会でお話しすることのひとつが、ホステスの基本動作についてです。

ホステスの基本動作は、新聞や雑誌の4コマ漫画に似ています。4コマ漫画と同じ「起・承・転・結」の構成になっているのです。その話の内容をご紹介します。

起…笑顔

大切な第一印象

私たちホステスと、お客さまがごいっしょに過ごさせていただく時間は、ごく短いものですから、初めの第一印象が、全体の3分の1を決定してしまうことを肝に銘じてください。

常日頃から、〝第一印象〟のために、鏡を見ながら表情の作り方を練習し、研究してください。私たちにとっては、何にも増して美しさが武器であり、商品価値だと思います。だからこそ、手間ひまかけて、精一杯綺麗に装うのです。その武器は最大限に活かさなくてはなりません。

また、困ったときほどニッコリ笑うこと。自分の方に話題が向いてこないとき、お客さま同士や、お客さまと他の女の子で盛り上がっているときでも、常に笑顔を装っておくことが大切です。これを「持ち笑顔」と呼びます。

嫌なことを言われたり、返答に困るようなことを言われたりしたときこそ、気持ちを落ち着けて。唇の端を上にあげて、ニッコリと微笑むことです。

承…良い聞き役に徹すること

「聞き上手」になれる3つのテクニック

私がよく聞かれることに、「どんなホステスが売れますか?」という質問があります。

私は迷わずこうお答えしています。「聞き上手な人」だと。もっと具体的な言い方をすると、どんな方のどんなお話しも、優しくふんわりと受け止めてあげられる人です。何にでも興味を示してくれて、楽しそうに耳を傾け、話し手が聞きたいような意見を聞かせてくれる人。どんどんおしゃべりしたくなってしまう女の子は、必ず売れます。聞き上手であることが、モテる最大の秘訣です。

「聞き上手」になれる3つのテクニックについて、お話ししましょう。

●その1…リアクションを大きく

打てば響く太鼓のように、相手の言葉に大きく反応することが大切です。

相手の話を聞いて、驚く、笑う、同情するなど、自分の感情を大きく表現するようにします。

人間が言葉で伝えられることは、全体の7%に過ぎないと、何かで読んだことがあります。顔と体と、とにかく全身で、真剣に相手のお話しに耳を傾けましょう。

●その2…質問する

上手な質問ができる人は、会話も上手です。まず、相手の話の情景が目に見えるような質問をすることです。

その状況によってですが、例えばお客さまが「海に行ったんだ」とおっしゃった場合、「どこの海ですか?この日の焼け方は海外でしょう。」とか「どなたとごいっしょでした?ご家族ですか?」などと質問することによって、お客さまもきちんと聞いてもらっていると、話す意欲が湧いてくるものです。

また、質問で会話を、自分の向かせたい方向に引っ張ることもできます。

例えば、「野球が好きでね」とのお客さまのひと言から、プロ野球に詳しいのであれば、「どこの球団、応援なさっていますか。」とか、「今年は、盛り上がっていますね。」などとプロ野球のお話しに持って行くと良いと思います。逆にあまりよく知らないのであれば、ただ聞いていても良いのですが、できれば「学生時代は、野球部だったのですか」とか、「今でも、キャッチボールとかなさいますか」などと、子供の頃の思い出話や、休日の過ごし方の話題に持って行くこともできると思います。

●その3…上手に合いの手

相手が話しているとき、常に合いの手を入れて、相手の話を真剣に聞き入っているという印象を与えます。「なるほどぉ」「へぇーすごいですね」などが、基本的な合いの手です。

しかし、「台風スゴかったね」と言われたときには、「そうですね」と終わるよりも、「本当に！私の傘、飛ばされちゃいました」とか「今は、北海道のあたりが大変みたいですね」などと〝その話題、私も興味があります〟という気持ちで合いの手を入れてお席を盛り上げます。

良い聞き手の鉄則

また、相手の話を聞いた自分の感想を、正直に的確に言葉にすることも大事です。私の考える「ホステスとして良い聞き手の鉄則」を、思いつく限り挙げてみましょう。

ここに書いてあることが全部完璧にできる女性など、そうそういるはずないと私も思いますが、お客さまに心から楽しんでいただけるよう、少しでも魅力的になれるよう、努力して行く姿勢が大事なのだと思います。

●その1…相手に興味を持て

まず接客の第1歩としては、お客さまについて、どんな方なのだろうとか、今日はどんなきっかけで来店されたのだろうか、といった興味を持つことが大切です。

●その2…相手に好意を持て

お客さまの良い所を探すつもりで、会話をしましょう。その方の優れた点や特徴を、見つけたら、率直に驚きや感想を表現しましょう。下手なお世辞ではなく、心を込めて誉めましょう。

●その3…常に気配りせよ

お客さまが、おタバコをお吸いになろうとされる瞬間を見逃さずに、的確なタイミングで火を付けて差し上げたり、灰皿をさりげなく用意したり取り替えたり、またグラスにも気を配り、すっかり空になる前に新しい水割りをお作りすること。

アフター（営業時間後）でバーやお寿司屋など、お店の外でごいっしょした時も、グラスが空いたら、「次は何にされますか」と聞いて差し上げなくてはなりません。

例えば、自分がステキな彼氏とデートしいているとして、さっとコートを着せ掛けてくれる男性や重いバックをすかさず持ってくれる男性を、好ましく思いませんか？

相手に対する思いやり、ちょっとした心遣いを積み重ね、全身で表現するようにしたいものです。

●その4…素直に聞け

お客さまのお話しになる内容について、どんな場合もあからさまに反論してはいけません。とにかく優しい気持ちで相手を包み込むようにして、素直にお話に耳を傾けることです。

ただし、どうしても反論が必要となる場面では、決して半端なことはせずに、強く大きく反論しなくてはなりません。

「俺って、デブで禿げだろう、モテないんだよね」とおっしゃるお客さまに「そうですね。」と、深くうなずいた新人ホステスがいて、目が点になったことがあります。

もちろんこうした場合には、すぐに大きく頭を横に振り、「何をおっしゃるの。包容力お有りで、女性が放っておかないでしょう」などと、返答しなくてはなりません。

●その5…汚い考えは起こさない

当たり前のことですが、ずるいことを考えて騙そうとか、自分だけが得をしようなど、決して思ってはいけません。この位ならわからないだろうなどと小さな嘘を言っても、あっさりと見抜かれてしまうものです。銀座のクラブは、社会で成功なさった方々が遊びにいらっしゃる場所であって、お客さまの方がはるかに人間を見る目が的確であることを忘れてはいけません。

●その6…余計なことはしゃべるな

とにかく口の軽い人間というのは、どこに行っても信用されません。

例えば、常連さんが、お連れになられたお客さまが、お化粧室に立たれた折、素人っぽい女の子に向かって、「○○さんは、このお店にはよく来るの？」などと聞かれるときがあります。そんなときは「はい、たまに。」といったような、常套句で軽くかわすこと。

また、そこまでおバカな女の子はめったにいませんが、時々お客さまのお席で、大きな声で「Aさんからは、何度もメールいただいています。」とか「この前なんか、酔っ払ちゃって酷かったですね。」などと言い出す子もいます。これでは誰だって、2度と自分の席には来て欲しくないと思います。

●その7…会話の内容は覚えておく

お客さまとのお話しは、忘れないようにしましょう。その会話の何ヵ月か後に「もうすぐお誕生日ですね」とか、「奥様、お元気になられましたか?」といったひと言が、〝殺し文句〟です。

例えば、子供さんが受験で大変だというお話しを伺って「まぁ大変ですね。でも、将来がお楽しみですね。」などと、お話ししていたのに、次のご来店の折に「ところで、お子様はお幾つでいらっしゃいますか?」などと聞いたりしては、しらけてしまいます。

●その8…相手の気持ちを察してしゃべる

お客さまと会話を始めたら、相手のツボとなるところを探します。お客さまの自慢は何かとか、どんなこだわりをお持ちなのかを見抜くことです。

誉めて欲しい言葉も人それぞれに違います。〝頼りになるわ〟とか〝誠実な方〟とか〝おもしろい方〟など性格を誉めて差し上げることが無難ですが、〝イケメン素敵だわ〟とか、〝有名な方ですから〟などという言葉がツボの方もいらっしゃいます。まさに〝十人十色〟です。

●その9…相手の言葉の本質を理解する

「着物買ってあげるよ。」とか「ブランドのバックを買ってあげよう。」は、もしも僕と特別な関係を結ぶつもりなら…という意味です。要は誘いをかけている言葉であり、「私をドキドキさせてくれ」、「手の届かない女を演じて、私の衰えてきたアドレナリンを沸かせてくれ」というような意味です。

「○○ちゃんがヤキモチやくから、同伴はできないな」と言ったりする場合はケース・バイ・ケースですが、「君と同伴までする気はないが、食事だけならいいよ」くらいの気持ちかもしれませんし、「○○ちゃんにはお優しいのね。彼女が羨ましいわぁ」とか、「相変わらず、ラブラブですね。仲良しでいいな」という類の賞賛が欲しくてそのようにおっしゃってらっしゃる場合もあります。

●その10…目で語れ

目は口ほどにものを言う、という言葉もあります。もてなす気持ちや、敬意と好意を持っている雰囲気。反対に嫌がっている、困っているなど…。とにかく気持ちは目に表れます。

目で語って相手をもてなすことができるようになれば、ホステスとしても、ひと皮剥けたというところです。

●その11…相手を特別な人と思え、男を感じよ

ホステスの仕事の極意は、これに尽きるような気がします。

〝隣に座っているお客さまを、その瞬間だけ自分にとって特別なお客さまだと感じられること。そのときの気持ちを的確に表現して、お客さまに信じ込ませること。でも、同時に仕事であることを忘れない〟上手く表現できないのですけど、それがコツのように思っています。

お客さまは、女の子たちが思う以上に鋭いものです。間違っても騙せるなんて思ってはいけません。

自分の心に感じて真剣な気持ちで話すようにしなくては、すぐに嘘っぽさが出てしまいます。

女優さんをお手本にしてください。女優さんは役作りに没頭し、役柄になりきって演じるといいます。1本の映画を取り終わった女優さんのコメントを参考にしてみてください。

「初めは、役作りで苦労しました。でも、途中からは主人公の気持ちになりきって演じることができました。ラストシーンでは、自然に涙がわいてきて止まらなくなりました。」なんて、あのコメントです。ホステスも同じです。なりきって演じることが求められていると感じます。

転…誘う

〝同伴〟に結びつけるお誘いのコツ

「お食事に行きましょう」、「ゴルフに行きましょう」……。

クラブの中は、プロのお姉様方が、お客さまをお誘いする言葉でいっぱいです。そのほとんどは、実現しないことが多いのですが、〝お客さまをお誘いすること〟や〝何らかの宿題をいただくこと〟は、お仕事の会話の一環だと理解してください。

〝同伴〟に結びつけるお誘いのコツは、以下の通りです。

●その1…心を込めてお誘いする

あなたはお店の中だけでなく、もっとお店の外でも会っていたい魅力的な方です…といった気持ちで誘うことです。間違っても、同伴や成績が欲しい気持ちが丸見えになってはなりません。お客さまが最も興醒めするのは、売り上げ欲しさを丸出しにするレベルの低いホステスです。

●その2…〝相手の喜ぶ、相手だけに使える具体的な言葉〟を見つけて誘う

歌の歌えない方をカラオケにお誘いしたり、遅い時間が苦手な方をアフターに誘ったりしても無駄です。どんなお誘いなら受けていただけるのかを、相手の気持ちになって推し量ることがポイントです。

●その3…最初にイエスをいただくのはお店の中で

このあと、お話しするお客さまの区分の中で、最もお店として大事にしたいと考える（A）クラスのお客さまに限って、プロのホステスのお姉さま方に誘われ慣れていらっしゃいます。ただでさえ、お仕事でお忙しいお客さまは、特に好みでもないホステスに、くだらない理由でしつこく誘われるのは大迷惑です。決してしつこくしないように、適当な場面で引き下がる用意がなければいけません。

よくあるのが、同伴の約束を取れない女の子の「私、押しが弱いんです。」という言い訳ですが、それは、はっきり言って〝押しが弱い〟のではなく、〝ツボがズレている〟のです。

上手な断り方

上手に誘うこと、上手に断ることとは、裏表一体です。

〝断り〟には、〝誘う〟ことの10倍以上の気を遣い、力を込めなくてはなりません。

●その1…できるだけ早い時点で断る

できれば、誘われて直ぐに断る。直前になってから予定を変えて断るのは、どんな理由があっても良くない。

●その2…相手が納得しやすいストーリーを作成して断る。ただし嘘は言わない（言わないことはあっても良い）

例えば、その日は予定があるのです…。先にアフターの先約を入れてしまったのです…など。

●その3…謙虚なスタンス

どんな場合でも「せっかくなのに申し別ありません。残念です。心残りです。でも誘っていただけてうれしいです。ありがとうございます。」というスタンスでお断りする。

●その4…本気で次を望むなら誘いの言葉で締め括る

「次の土曜日なら大丈夫なんですけど」とか「来週のどこかで、アフターにごいっしょできる日はありませんか?」という言葉で終える。

ただ「ごめんなさい」で終わってしまうと、そのまま〝誘っても来る気がないのだ〟と思われてしまうこともあるので、注意しなくてはなりません。

結…お礼の気持ちを伝える

接客業で1番大事なこと

ご来店いただだいたお客さまを大事に思う気持ちをきちんとお伝えすることが、接客業において1番大事なことだと考えます。そのためにできることは本当に限られたことしかないのですが、当店では以下のことにポイントを置いています。

●その1…感謝の気持ちを込めて深々と頭を下げる

●その2…目で語れ！

どんな場合でも、最後には、必ず相手と目を合わせなければいけません。

●その3…お礼は必ず次の日に、メールか電話もしくは手紙で必ず入れる

お礼には、前日の会話の内容を必ず入れること。どのお話しがおもしろかった、このお話しが心に残っているということを、伝えなくてはなりません。当店では「次の日にお礼の気持ちを伝える」ことに、特に力を入れています。これは新人の女の子たちに、徹底して指導します。女の子たちとスタッフの間だけで見られるホームページに、どのお客さまにお礼のメールや電話を差し上げたのかを記入してもらい、初めの数ヵ月間は、お礼のメールを私に転送してもらっています。「文は人なり」と言いますす。正しい言葉使いができているか、真面目な考えを持っているか、お仕事に対するその女の子のスタンスや、どの程度能力のある女の子なのかメールの文章に出てきますので、それをチェックしているのです。

5・お客さまの見抜き方～ABCDEの区分～

見極めは難しい

新人の女の子たちに、初めにお話しすることのもうひとつは、お客さまの見抜き方の基本です。

初めてこの仕事に入ってくる女の子たちは、お客さまがどんな方でらっしゃるのか、言葉の裏の本音では、どのような考えでいらっしゃるのか、全くわかりません。

一所懸命にがんばろうと張り切っている女の子に限って、そんな何もわからない初めの内に、程度の良くないお客さまばかりからデートに誘われて、つぶされてしまうことがあります。

成績にもお金にもならないのに、さんざん嫌な思いをして、この仕事そのものが嫌いになってしまう女の子が多いので、それを避けるため、以下のようなお話しをしています。

新人の女の子たちにも判りやすいように、大まかにA、B、C、D、Eの5つのランクにお客さまを区分して教えます。しかし、実際のところ、こうした単純に思えるような区分ですら、見極めが簡単ではないので、結局はある程度の経験を積むようになって、少しずつ実感できるようになるのかもしれません。

《お客さまの区分》

Ａ　お金を使って手が掛からないお客さま

パッと来てパッと帰るタイプのお客さまです。接待やお友たち同士でご来店されて、商売の上でお客さまの枝が広がる可能性も大きく、最も大事にしたいお客さまになります。

Ｂ　お金を使ってくれるが手が掛かる

ご贔屓にしてくださるのは有難いのですが、ご来店の度に毎回の同伴出勤を希望されたり、毎回アフターに誘っていらしたり、土日などのプライベートな時間も遊びに付き合って差し上げないといけなかったりします。

とかく手が掛かるお客さまを、Ｂランクと括って考えています。

Ｃ　お金が無いのに遊びたがる

さほど飲み代を使っていらっしゃるわけでもないのに、プライベートでばかり会いたいとおっしゃるお客さまもいます。また同伴に誘っておきながら、お店には飲みに来ないという掟破りを平然とされるお客さまもいますが、いくらお食事をご馳走になっても、女の子にとっては成績に結びつかず、ただ働きも同然です。

また、やたら長居をして、女の子の選り好みが激しいというわがままなお客さまも、どちらかというと迷惑な部類として警戒するタイプのお客さまになります。

D 近い将来、Aクラスになるかもしれないお客さま

接待などで当店をお使いいただく、比較的若年層の方々。今は会社の経費の範囲で当店にいらしてくださるだけですが、いずれ地位も財力も身に付けられたときには、当店の上客となってくださる可能性を持ったタイプのお客さまです。

E お店に呼んではいけない方

営業している以上、どんな方が来店されても〝おもてなし〟するのが私たちの仕事ですが、他のお客さまも同じく空間で楽しまれていることを考えますと、ひどく酒癖が悪くて、怒鳴り出したり暴れたりしたことのあるお客さまや、風体が紳士的でないお客さまのご来店は、次回からご遠慮いただくようにしています。飲み代を払わなかった前科があるお客さまの出入りもお断りしています。

要するに、お店の生命線を握っていらして、ホステスにとっても気持ちよく対応ができるお客さまが、Aクラスのお客さまということになりますが、このランクのお客さまは、ベテランのお姉さんががっちり抱えていて、なかなか新人の女の子を指名してくれたりはしません。外でのお食事など、デートにお付き合いいただくことさえ大変なことです。

いかにたくさんの良いお客さまにご贔屓いただくかが、お店にとっても女の子たちにとっても、最も大事なことです。お客さまを見極める眼力が必要です。

しかし困ったタイプのお客さまたちも、できるだけ気持ちよく時間を過ごしていただけるように計らうのが、プロとしての私たちの仕事です。どのように対処しているか、いくつか例をあげてみることに

しましょう。

悪いお客さまの撃退法

①まず、正しく見抜くこと

Ａタイプのお客さまだと安心していると、実はＣタイプだったということもあります。常に観察して正しく見抜くように心がけましょう。

②Ｃタイプの方にプライベートで誘われたら…

その気になれないのに、とにかくしつこく強引に誘われてしまった場合は、強く拒絶したりせずに、やんわりと「お誘いうれしいわ、でもね…」と喜んでおいて、出て行かないのが良いと思います。

それでも強引に誘われた場合の模範解答として、ひとつの例を挙げてみましょう。

「今度の土曜日、ドライブしないか?」と誘われた場合、「うれしいわ。でも、その日は約束があるの」と断ってみる。その次にまた「今度の土曜日は…」と誘われたら、「ごめんなさい、その日は…」と渋ってみる。そして3回目にまた、「今度の日曜日だったらどう?」と誘われたら「ごめんなさい、その日だけは駄目なの」と繰り返す。通常ならこの辺で、誘っていることが迷惑に思われていること、何度誘っても無駄だということに、いい加減気づくはずです。

ここまで断ってもまだ誘ってくるようなら、明らかにお客さまの方に問題がありますが、慇懃無礼な感じになったとしても、淡々とマニュアル通りに断ることです。

③Bクラスのお客さまに誘われた場合

無理する必要はありませんが、自分自身に余裕があるなら、練習と思ってお付き合いしてみることを勧めます。上客だけどワガママだというタイプのお客さまを、うまく味方に付けることができれば強みになります。

お客さまの質やタイプを見極める勉強に、何事にも臨機応変に対応して行く訓練にもなります。やはり、ある程度の場数を踏まないと、上手に対処して行く方法はなかなか身に付きません。

Dクラスのお客さまは、ビジネスの延長でお付き合いくださるので、悪いお客さまの対象になりにくいと思いますし、Eクラスはもとより、接客に関しては論外なので触れませんでした。

Aクラスのお客さまであれば、楽しく遊ばせていただきましょう。上質なお客さまとのお付き合いもまた、得がたい勉強の場になるはずです。

6・ホステスの心得・5箇条

理想を高く持って

最後に、私自身の長年の経験や先輩方から教え、また経営者としての視点から、ホステスというお仕事に必要なポイント、心得を挙げさせていただきたいと思います。おそらく他業種の方にとっても、営業という点においては、どこか根っこはつながっているように思いますので、各々ご自身の立場に置き換えると、一般の方にもご理解いただけるのではないかと思います。

①銀座のクラブは〝ときめき〟を売っている。

夢とも高級感とも少し違う〝ときめき〟と、理解していただきたい。男性と女性の〝恋〟に対する感覚は大きく違うものです。男性は、相手が誰でもモテること、そのことが嬉しいのです。「1粒で2度美味しいグリコのキャラメル」、「1回で3回分も4回分もモテモテになれて、楽しいクラブ〝ル・ジャルダン〟」でありたいと思います。

この仕事に少し慣れてくると、お客さまを適当にあしらったりいなすことなどは、ごく簡単なことですが、「あら、やぁだ〜アッハッハ」とか、「○○さんてば、またぁ〜」といった品のないセリフは、スナックや一杯飲み屋のような、もっとお手頃なお店でも聞ける種類のものですから、気をつけなければなりません。決して忘れてはならないのは、銀座のお客さまは、それなりのもっと心のこもった丁寧な対応を求めていらっしゃるということです。メールでもお店の外でのデートでも、小まめに丁寧に時間を掛けて、心を込めて〝おもてなし〟して差し上げること。いつも新鮮な謙虚な気持ちでお客さまに接することが大切だと思います。

②水に慣れよ

算数に例えてみましょう。誰でも小学1年生の頃は、2＋3は…、4＋3は…というような計算を、イヤになるほど繰り返したはずです。算数ができるようになるためには、ひたすら反復練習をして、数字に慣れなければならない時期があります。

ゴルフで言えば、練習場で球を数多く打って、体で覚えてイメージをつかむ時期があるように、この商売にも同じことが言えます　その時期には、とにかく動いて、お客さまとの距離感などは身体で覚えるより他ありません。

③ホステスの営業はお誘いを断ったときから始まる

一般企業の営業マンの方は、よく「商売は断られた時から仕事が始まる」とおっしゃいますが、私たちホステスは、お客さまに口説かれてそれを断ったときから仕事が始まる、というパターンも多いことを忘れてはいけません。

④背水の陣を布き、もっと自分に負荷を掛けよ

自分にホステスなんて仕事は似合わない…などと思っている内は、絶対に売れません。

この仕事で生きていこうと思うなら、ここが自分の生きる場所だ、ここで駄目なら野垂れ死ぬしかない、と心を決めるべきです。

そこまで真剣でなくアルバイトであったとしても、お金をいただいている以上はプロであるという意識を持たなくてはなりません。

筋肉だって負荷を掛けなければ大きくなりません。ギリギリの限界まで自分を追い込むことで、人間は大きく成長できるのだと思います。

⑤ヤワラちゃんを見習え！

以前にテレビで、柔道家の田村亮子さんがお話ししてらっしゃるのを拝見して、とても感心しまし

た。田村亮子さんは、試合に望むとき、右にもう1人の自分が居て、左にまたもう1人の自分が居て試合を見ていて、さらに、前方上空にもう1人の自分が居て、全体を見回しているのだそうです。「だから、負ける気がしません。」と、語ってらっしゃいました。

とても難しいことで、私はなかなかできないのですが、常にもう1人の自分も持って冷静に自分の言動をチェックするようにしたいものです。

以上、いろいろと書かせていただきましたが、女の子たちにちょっと偉そうにお話ししていても、私自身が充分にできていないことだって、たくさんあります。いえ、できていないことの方が、はるかに多いように思います。

道のりは遥かに遠くても、私もまた、自分自身の理想の姿を高く掲げて、その目標に向かって努力を続けていきたい、少しづつでも近づいていけたらステキだと思っています。

第5章　大切な顧客の心を掴む営業心得
――夜の銀座クラブに学ぶサービスの本質とは

望月　明美　（もちづき　あけみ）
㈱エーアンドエム　代表取締役
「ル・ジャルダン」オーナー

東京都出身（高校時代は北海道室蘭市）
銀座8丁目で「ル・ジャルダン」というクラブを営んでいます。今年で11周年です。
「ル・ジャルダン」は、銀座の中で、少し変わったお店です。素人の女の子達に、水商売についていろいろと授業で教え、優秀な銀座のホステスを、育成しよう…としています。他店とは違ったことをしているので、何かと大変なこともありますが、頑張っていきたいと思っています。
主な著書に『銀座ママの夜のお悩み相談室』ゴマブックス、『〝本命（カレ）〟をトリコにする方法―銀座のママがそっと教える』大和出版、「銀座ママはお見通し　愛され美人といい男の秘密」ゴマブックス、「可憐に、そしてしたたかに―銀座のママが教える魅せる女の十二章」アース出版局、「愛されるために―愛されるための39のエッセンス」フォーシーズンズプレスなど。

第6章　いざ！　PR・マーケティング革新へ
―電力会社営業ウーマンの「プロジェクトX」

●《第1部》「Switch!」プロモーション2004～2006【東京電力編　四ツ柳尚子】
●《第2部》「電気」「オール電化」を超えて【関西電力編　秋田由美子】

関東地方では「オール電化」の代名詞になるくらいまで浸透した東京電力の「Switch!」――。それに対して、全国で初めて電気料金にポイント制度を導入した関西電力の「はぴｅポイントクラブ」――。

いずれも、電力会社のＰＲ・マーケティング活動に、大きな革新をもたらしたものであるが、実現に至るまでの舞台裏では、果たしてどのような挑戦が繰り広げられて来たのだろうか。

形もなく差別化が難しい電気だからこそ、決して平坦ではなかったそれぞれの電力会社におけるマーケティングプロジェクト。乗り越え切り拓いてきた日々のエピソードとともに、それぞれが目指す今後の展望が語られた。

《第1部》「Switch!」プロモーション04〜06〔東京電力編〕

1．Switch!しなくちゃ始まらない

Switch!と共に…

東京電力が、オール電化のプロモーション〝Switch!〟を打ち出してから3年3ヵ月が経ちました（2007年6月時点）。この間、〝Switch!〟は数多くのプロモーションを通じて首都圏にも〝オール電化住宅〟という言葉を浸透させ、エンドユーザーや住宅業界にひとつのムーブメントを起こしました。プロモーションの初戦としては成功だったと言えるのかもしれません。

とはいえ、特筆できるような戦略があったわけではなく、「先駆者である他の電力会社をお手本にしながら遥か先を走るライバルを必死に追いかけた」というのが、ありのままの姿です。それゆえ、今回、「Switch!のプロモーション戦略を題材に寄稿を」と依頼された時、私の中では「特別な話も面白いネタもないし、丁重にお断りしなければ…」という考えばかりでした。しかし、周囲から「Switch!の約3年間をレビューする良い機会だと思うよ」というアドバイスもありましたので、プロモーションに携わった1人として、このお話しをお引き受けすることに致しました。

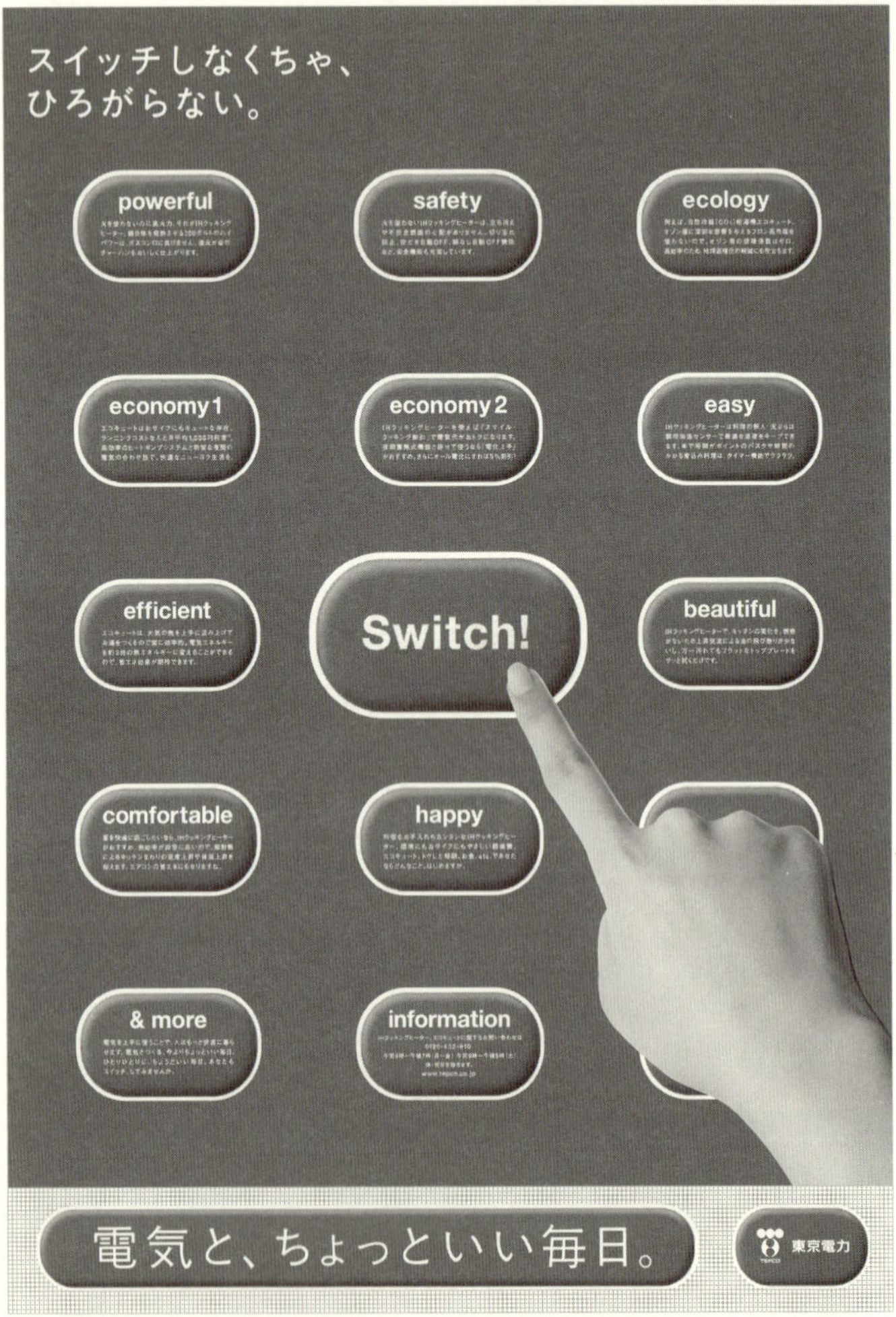

「Switch!」キャンペーンポスター

読み手の多くは、おそらく同じエネルギー業界の方々。それゆえ、目に見えるSwitch!の成果(プロモーションの内容とその反響)だけではなく、東京電力の内部の変化についても触れながら、Switch!プロモーションの約3年間についてお話ししたいと思います。

意外と長いオール電化住宅の歴史(Before Switch!)

オール電化住宅は、ここ2~3年、急に注目され始めたので、歴史の浅い新しいものだと誤解している方も少なくありません。まずはその誤解を払拭するためにもオール電化住宅の歴史からお話ししたいと思います。

オール電化住宅は、1923年9月の関東大震災の後、電気エネルギーの安全性の高さが注目され、一部の富裕層の邸宅で採用され始めていたようです。史実を伝えるオール電化住宅のひとつに、日本では旧帝国ホテルの設計でも有名な世界的な建築家フランク・ロイド・ライトが手がけた芦屋の旧山邑邸(灘の酒造家・8代目山邑太左衛門の邸宅。現ヨドコウ迎賓館)があります。一部の照明器具を除き当時の電気設備は現存しませんが、暖房、厨房、給湯のすべてを電化していたことを伝える資料がいまでも残っていて、ホームページ上でも公開されています。(http://www.yodoko.co.jp/geihinkan/)

また、第二次世界大戦中にも「電気は空襲後の復旧が早い」という理由から、電気コンロが普及した記録が残っています。

その後も進駐軍の高級将校の官舎をはじめ、1970年代には高級分譲マンションなどでも電気温水器とシーズヒーター（またはラジエントヒーター、ハロゲンヒーター）のオール電化が採用されていました。オール電化マンションの中には、当時の大スター・山口百恵さんが住んでいたことでも有名なペアシティ・ルネッサンス高輪などのいわゆるブランドマンションもあり、庶民には手が届かない憧れの住宅だったのです。

さらに1990年代初めのバブル期には、学生向けのワンルームマンションにも普及が進み、私が学生時代を過ごしたアパートのミニキッチンにも100Vのシーズヒーターが採用されていました。

しかし、当時の電気温水器は湯切れがあり、シーズヒーターは火力が弱く、操作性もいまひとつという課題がありました。そして電気料金も〝電灯〟と〝深夜電力（電気温水器）〟は別契約で基本料金もダブルで支払う必要がありました。設備機器の性能面に加え、光熱費面でもメリットが少なく、普及拡大をめざしても営業努力ではカバーしきれない大きなハンディキャップがあったのです。

1990年、そこに松下電器産業が開発した〝IHクッキングヒーター〟（200Vの1号機　KZ-DHC31　35万円）が登場し、「薪」→「炭」→「ガス」→「電熱」と変化を遂げてきた調理用の熱源に「電磁誘導」が加わったのです。いまでこそ、食器洗い乾燥機、洗濯乾燥機と並んで〝新・三種の神器〟とまで呼ばれるIHクッキングヒーターですが、販売が軌道に乗るまでの間は事業撤退の声が上がるほど険しい道のりだったようです。

しかし、IHクッキングヒーターの調理実演を主軸に据えたセールスプロモーションや、阪神淡路大震災での「IHにしてはった家は、早くから煮炊きができたそうや」という口コミなどが相まって、I

省エネで環境に優しい〝エコキュート〟をPR

Ｈクッキングヒーターの普及に追い風が吹き始めたのです。（参考：松下電器産業「ＩＨ物語」http://www.ihcook.gr.jp/story/）

さらに２００1年1月、東京電力、デンソー、電力中央研究所で共同開発していた〝エコキュート〟の実用化に成功しました。ヒートポンプ技術を利用した空気の熱でお湯を沸かす新しい電気給湯機の登場です。省エネで環境に優しいエコキュートは、その年の「ENEX2001」（省エネルギー機器の専門展示会）に出展し、翌年には省エネ大賞の最高位である経済産業大臣賞を受賞したのです。

このＩＨクッキングヒーターとエコキュートの登場により、オール電化機器の性能は飛躍的に向上しました。また、２０００年に新たに誕生したオール電化住宅に最適な料金メニュー「季節別時間帯別契約（電化上手）」によって光熱費面のコストメリットも生み出したのです。

夫婦共働きや高齢者世帯が増加し、地球温暖化問題がクローズアップされる中、火を使わない安心感と快適性、CO_2の排出量を大幅に削減する高い環境性、そしてランニングコストの優位性を兼ね備える〝次世代オール電化住宅〟は、時代の要請に応える住宅システムとして注目され始めたのです。

いよいよ本気！しかし…（2002年7月―2003年8月）

ＩＨクッキングヒーターの販売が軌道に乗り始め、営業スタッフからも「これは行ける」という声が上がり出した頃、ようやく東京電力も今後の収益拡大の重要なカードとしてオール電化営業に注目し始めていました。

そうした中、2002年7月、営業部にオール電化のプロモーションを検討する販売支援プロジェクトグループが発足しました。東京電力には、経営幹部候補の育成を目的とした「イノベーションリーダー研修」というものがあり、研修プログラムのひとつには、参加メンバーがチームをつくり、その時々の経営課題について問題点を洗い出し今後の方策を検討して、その内容を経営層の前で発表する場があります。その発表の場で、経営層の目に留まった内容は、その方策を実践するべく発表チームのメンバーが当該部門に着任するのです。販売支援プロジェクトグループもそのひとつで、題材として「オール電化の普及」を取り上げ、今後の方策として「セールスプロモーションの強化とプロモーションイメージの刷新（でんこちゃんに代表される親しみ路線から上質感を大切にしたプロモーションへの転換）」を提案し認められたのです。

プロジェクトグループのマネージャーには、発表チームのリーダーを務めていた方（磯野さん）が就き、その下に４名のメンバーが配置されました。私は、そのメンバーの１人だったのです。

グループが発足した当時、東京電力エリアの電化率（新築着工戸数に占めるオール電化住宅の割合）は、わずか０・９％（２００１年度実績）。マーケティングの理論に則れば撤退を余儀なくされる数字です。他の電力会社と比較してもダントツの最下位でした。首都圏をエリアに持つ東京電力は、電力需給が逼迫した過去の経験から、需要開拓に一貫した経営資源（人材、物資、資金）の投入ができなかった経緯があるのです。

しかし電力自由化の進展、そして電力需要の低迷により、今後の収益拡大には家庭用分野の需要開拓が不可欠な時代となりました。ようやく、オール電化のプロモーションについても本気になって取り組む時期が来たのです。

ところが、２００２年８月「原子力発電所における点検・補修作業に係わる不適切な取り扱い」が発覚。その後、プラントの安全確認の検査を徹底するため、東京電力が保有する原子力発電プラント17基全てを順次停止。翌年の２００３年の夏には深刻な電力供給危機に陥り、広く社会に向けて「節電のご協力」をお願いする事態となりました。

当然ながらオール電化のプロモーションはすべて自粛。基礎データ収集のために計画していたマーケティング調査も無期延期としました。ただ、フロント営業のスタッフだけは、連日連夜テレビや新聞で東京電力の不祥事が報じられる中、粛々と営業先を回っていたのです。

東京電力全体が、猛省するとともに、自信を失い、暗く沈んだ日々を送っていました。

電力供給危機を回避、そして経営の決断（2003年9月）

原子力不祥事により、オール電化営業のプロモーションは、経営課題の中でも当然ながら順位の低いものになっていました。当時のメンバーは、成す術も無い毎日を「電力需要が低迷している時代背景を考えれば、いつかは機会がめぐってくる」と信じて過ごすことしかできませんでした。

最初の機会は、電力供給危機を幸いにも回避した2003年9月にめぐってきました。オール電化の販売戦略を経営会議に諮ることになったのです。

プレゼン資料の作成に向けて、販売支援プロジェクトグループが果たした役割は、社内の広告代理店的な役割です。オール電化営業を担っていた当時の生活エネルギーグループは、10人にも満たない要員で、計画業務、下部機関の総括、研究開発、行政対応、そしてフロント営業まで担務していました。1人の担当者がウエイトの重い業務をいくつも兼務している状況では、満足のゆく活動ができるはずもなく、様々な課題や問題点を把握しながらも、それを顕在化し、経営層に伝えるだけの時間もエネルギーも不足していたのです。販売支援プロジェクトグループでは、営業スタッフへのヒアリングや、先に実施したマーケティング調査で顕在化した課題を整理した上で、〝経営層の心に訴える〟にはどのような伝え方がベストか、また、複雑な住宅業界の構図を頭にスッと入れてもらうにはどのような見せ方にすべきかを徹底的に議論し、あえてイラストや図表を多用した当時としては珍しい形式のプレゼン資料を作成したのです。

伝えたいことは山ほどあるものの、営業部長のプレゼン時間は限られています。絞りに絞った要点は、次の4点でした。
①電力需要が低迷する中、ＩＨクッキングヒーターやエコキュートといった強力な武器を手中にしたいまこそ、オール電化営業に打って出る好機であること。
②ライバルに近づくためには、フロント営業の要員強化が不可欠であること。さらに、負け戦が長かったオール電化営業の組織はもとより、この組織に対する社内の意識を変えるためには、経営が本気であることを示す〝エース級の人材投入〟が必要であること。
③多種多様なプレーヤーが存在し利害が絡み合う住宅業界で戦っていくには、自前主義は捨てて、志を同じくするパートナーと組むことが効率的かつ効果的であること。
④そして、何と言っても圧倒的に不足しているプロモーションを重点投入し、オール電化住宅、ＩＨクッキングヒーター、エコキュートの認知度を向上させることが最優先課題であること。
次頁の図1は、これらの思いを図に表した戦略のポンチ絵です。題して「ハンバーガー戦略」。一緒に資料を作成していた後輩のＩ嬢が命名し、描いてくれたものです。余談ですが、サンドウィッチではなくハンバーガーというところに彼女の年代の若さを感じます。

バンズの上は、マンションデベロッパー、ハウスメーカーといった住宅業界に働きかけるサブユーザー営業です。バンズの下は、テレビＣＭ、雑誌広告、イベント等のいわゆるプロモーションです。この

図1　基本戦略［＝ハンバーガー戦略］

今後は、以下の①、②の両面から攻め、住宅市場のトレンドを動かしていく。

①サブユーザーからエンドユーザーに、オール電化を薦めてもらう（サブからエンドを動かす）
②エンドユーザーからサブユーザーに、オール電化が欲しいと言ってもらう（エンドからサブを動かす）

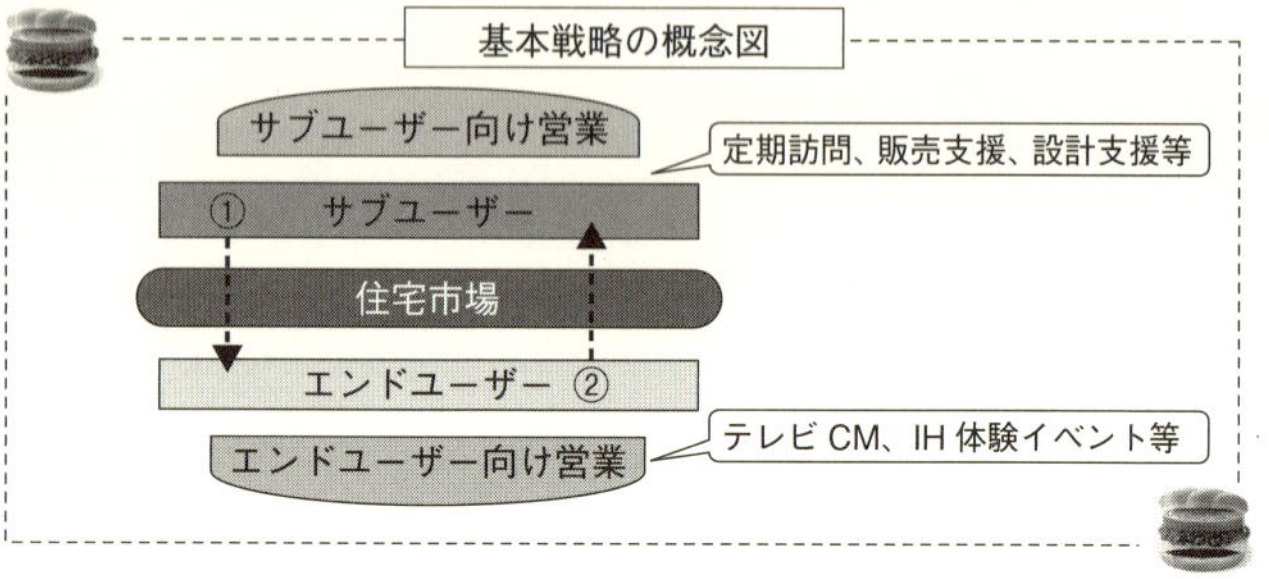

上下2つのバンズに経営資源を分配して、挟み撃ちにすることで、住宅市場にオール電化のトレンドをつくろうというものです。極々普通の戦略で、〝戦略〟という言葉を使うこと自体、恥ずかしいくらいです。

ただ、このハンバーガー戦略を展開するためには、当時の組織ではあまりも弱すぎました。必要な経営資源をオール電化営業に投入してもらうためには、エネルギー業界のトップランナーを自負する東京電力の内部に対して、まずは自分たちの〝負けっぷり〟（住宅業界では弱者であること）を赤裸々に語ることが、経営層の心に訴えかける上でも必要でした。しかし、営業部門の幹部が経営会議で語るにはあまりにも辛い内容です。

これまでの〝負け〟の原因は、冒頭にも書いたとおり、「開発途上であったオール電化機器の性能」と「営業スタッフの要員不足」、そして何よりも「圧倒的なプロモーション不足」にあります。それでも、負けっぷりを出した資料の内容は、少ない経営資源の中で精一杯営業をしてきた先人

図2 経営会議のプレゼン資料「マラソンの図」

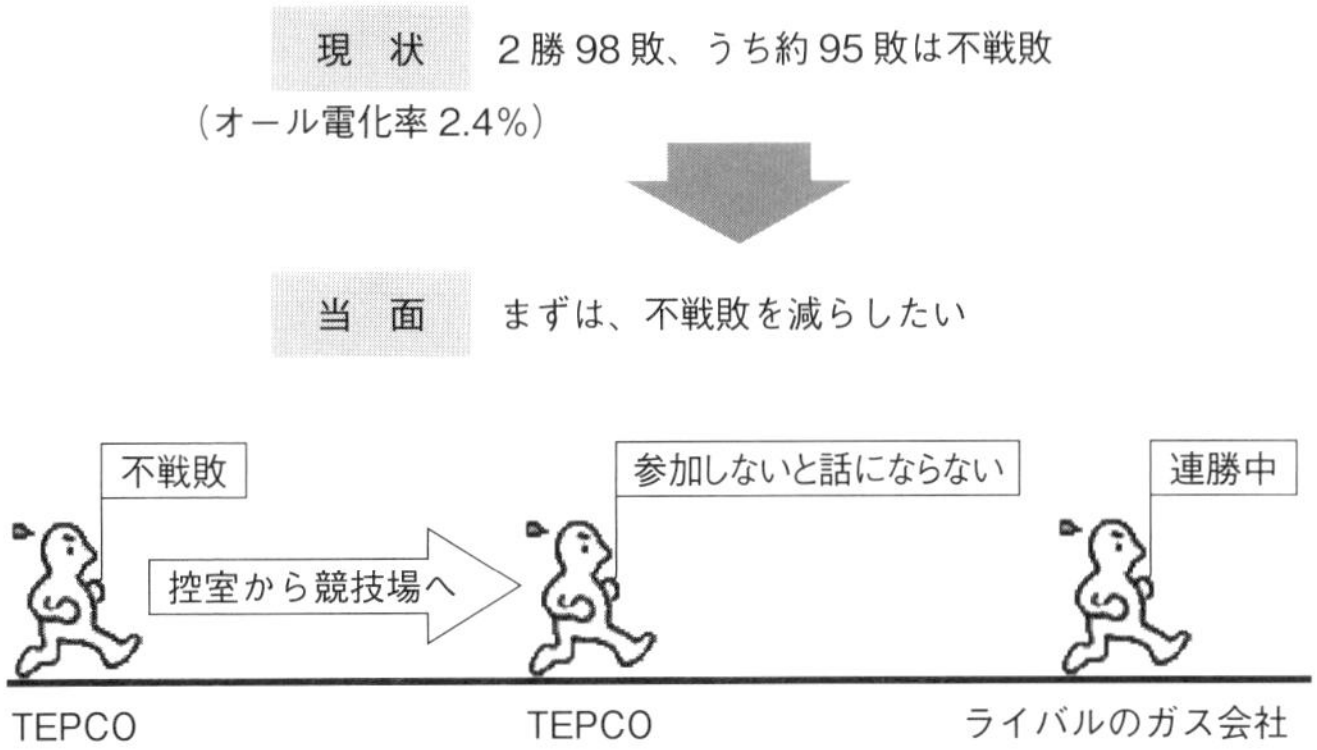
現 状
2勝98敗、うち約95敗は不戦敗
（オール電化率2.4%）
当 面
まずは、不戦敗を減らしたい
不戦敗
控室から競技場へ
参加しないと話にならない
連勝中
TEPCO
TEPCO
ライバルのガス会社

たちの否定と誤解されかねない内容でもあり、作成の過程においては何度も何度も関係者が集まり議論したものです。

上の図2は、経営会議のプレゼン資料の1頁です。

「私たちは、2勝98敗（オール電化率2・4％）。うち約95敗は不戦敗。競技場どころか、控え室におります」

「そして、当面の目標として、まずは不戦敗を減らしたい」

この資料を経営会議でプレゼンした営業部門の幹部が「不退転の覚悟」だったことは、言うまでもありません。

経営層からは、

「負けっぷりを出したのは好印象。エース級の人材投入も含めて、まさしく本気でやろうではないか」

「IHクッキングヒーターやエコキュートは、自信を持って勧められる商品。あわせて、オール電化住宅の経済性の高さも積極的にPRしていこう」

「当社はこの業界の素人。自分達にできることには限界がある。パートナーを増やすためにも、トップセールスを積極的にやっていこうではないか」

などの温かく、心強い言葉が寄せられ、最強の応援団がここに誕生しました。

2・Switch! と共に最下位からの再出発

スタイリッシュにSwitch!（2003年10月―2004年3月）

オール電化営業の今後の販売戦略が無事了承され、念願だった経営資源の重点投入が決断されました。いよいよプロモーションの開始です。マネージャーの磯野さんが、イノベーション研修で「オール電化の普及拡大には、セールスプロモーションの強化とプロモーションイメージの刷新が不可欠」と発表してから2年が経過していました。

今後のプロモーションについては、プロモーションの主管組織であるサービスグループが中心となって内容を検討し、その重点的な投入先を

①オール電化の認知率を上げるマス広告（テレビCM、雑誌広告等）

②エンドユーザーの比較検討の場である住宅展示場、ショールーム、イベント会場での接点の充実（タッチ&トライを通じてオール電化の特長を理解してもらう）

の2つに決め、重要なパートナーとなる広告代理店を決めるステージに進んだのです。

「失敗もあると思うけど、とにかくやってみよう。それもスタイリッシュに。」

これは、2003年10月、新しいプロモーションを企画し始めた時の営業部長の廣瀬さんの言葉です。

この〝スタイリッシュ〟という言葉。これまで庶民的で親しみやすいイメージを重視してきた東京電力にとって、もっとも縁遠い言葉だったと言えるでしょう(笑)。実は営業部長自身が、プロモーションイメージの刷新を一番強く望み、その実行を決意していたのです。

この決意を受けて、大手広告代理店が様々な広告展開のコンセプトやデザインを提案してくれました。その中でも関係者の目が釘付けになったのが、電通のクリエーターが提案した〝Switch!〟だったのです。

廣瀬さんは今でも、雑誌のインタビューなどでSwitch!を採用した経緯を聞かれるたびに「実は理由なんて無くて(笑)。見た瞬間『あっ、これ！』とビビッときたんですよ」と答えるほど、Switch!には電力社員を惹きつける不思議な力があります。

こうして東京電力は、この〝Switch!〟に、最下位からの起死回生の一打をかけたのです。誰もが電気を想起する〝スイッチ〟という言葉。単なる電気のＯＮ／ＯＦＦだけではなく、切り換え、取り替えとも訳せる意味深長な言葉です。これは当時、全社員に配布した営業資料の１頁に記載した「Switch!のコンセプト」です。

Switch!とは、「より快適なくらし」を実現する「電気」ならではの記号。
Switch!とは、お客さまと東京電力のもっとも身近な接点。
Switch!とは、もちろん「ガス」から「電気」にチェンジすること。
Switch!とは、電気の販売促進に向けた社員の合言葉。

これは、いま振り返ってみれば……ということですが、Switch!には、原子力不祥事で暗く沈んでいた社員の気持ちを「信頼回復に向けて前向きに切り換える」作用もあったように感じます。誰もがSwitch!の明るさに自分たちの希望を託したのかもしれません。

そして2004年3月、人気女優・鈴木京香さんを起用し、上質感漂うひとつ上の憧れのくらしをイメージしたテレビCMがスタートしました。トップクラスの人気女優の起用は、業界はもとより、社内に向けても「東京電力が本気で打って出ること」を示す布石となったのです。

プロジェクトグループ解散、プロモーションの本格始動へ（2004年10月）

イメージを刷新した〝Switch!〟のプロモーションがスタートした年、当初から期間限定のグループだった販売支援プロジェクトグループは、その役割を終えて解散しました。マネージャーの磯野さんは、ハンバーガー戦略の上のバンズ「サブユーザー営業」を、私と後輩のI嬢は下のバンズ「プロモーション」の実務を担うことになり、先輩のNさんと後輩のKさんは支店のグループマネージャーと社外の経済団体にそれぞれ異動したのです。

販売支援プロジェクトグループが解散したこの時、オール電化営業の組織には、経営会議で了承されたとおり多くの要員補充がありました。ようやく必要な経営資源が投入され始めたのです。

これにあわせて、Switch!のプロモーションでは、先ほどのテレビCMに引き続き、雑誌広告、交通広告、大型イベントへの出展、PR施設「Switch! Station」の拡充、住宅展示場での「オール電化体験フ

「Switch! 飛行船」 in 東京ドーム

ェア」の開催など、本店、支店、支社が協調しながら、ありとあらゆるチャネルに露出し、従来の感覚ではおよそ東京電力らしくないことにも随分とチャレンジしてきました。

費用対効果の測定が難しいプロモーションの世界でも、長年携われれば経験値が蓄積されてきますが、その当時は全員が素人に近く、私自身の経験を例にあげれば「このイベントに出展するのはいいけど、どんなイベントなの?効果は期待できるの?」という上司の問いに、「昨年の来場者数や客層のデータ等はありますが、本当のところは、やってみないと分かりません」と苦しい回答を何度してきたことか……。発展途上だったゆえに許されたことでしょう。

この3年間、プロモーションに携わる誰もが「思いがけないヒット」があった一方で、「思い出すのも嫌な大ハズレ」もあり、数多くのトライ&エラーを繰り返してきました。IHクッキングヒーターのプ

来て見て Switch! オール電化体験フェア in 幕張（2005 年）

ロモーションひとつとっても「展示のみ」→「展示と調理実演」→「展示、調理実演、モヤシ炒め体験の組み合わせ」と、この3年間で随分とスタイルを変えてきました。そして現在は、ＩＨクッキングヒーターに加え、２００Ｖ電気オーブンの実演にも挑戦中です。

プロモーションの効果測定を定量的に証明するのは難しいのですが、イベント会場に立っていたり、雑誌の取材でオール電化ユーザーと話をしたりすると、面白いほどに手ごたえを感じることがあります。

イベントに来場した女性から「ＩＨで炒め物をする時には、ＣＭでやっているみたいに木ベラを上手く使うと良いのよね。重いフライパンを振らなくていいから楽でいいわ」とか、小学生の男の子が「あっ!空気の熱でお湯を沸かすエコキュートだぁー」と近寄ってきたり、オール電化を採用したユーザーから「ＩＨにするかどうか迷っていたんだけど、住

屋外でのオール電化体験フェアの様子

宅展示場でやっていた調理実演を見て即決したのよ」という反響を得たりするたびに、つくづく、プロモーションの持つ影響力の大きさを感じます。

また、フロント営業のスタッフから、「宣伝のおかげで、営業先の反応が良くなった」とか「営業先から、『ＩＨ体験イベントは集客力がある』と喜ばれた」などと声を掛けられることが、プロモーション担当にとって一番嬉しい瞬間です。

こうした、本店・支店・支社、フロント営業とプロモーション（ハンバーガーのバンズ）が一体となった活動が実を結び、２００６年の春のSwitch!キャンペーンでは、約２ヵ月間に10万人以上のお客さまがオール電化を体験するほどになりました。

3・ちょっと視点を変えて

Switch! はオール電化営業のムードを変えた

ここで少し視点を変えて（時間軸から離れて）、Switch! がもたらした東京電力の「内部の変化」についてお話したいと思います。

変化の発端は、何と言っても〝異色な営業部長の登場〟でしょう。

２００３年7月に営業部長に就任した廣瀬さんは、「これからのプロダクトは、機能・性能だけではなく、デザイン性も不可欠」というポリシーの持ち主。質実剛健を重視し、デザインには関心が薄い東京電力の中では、かなり異色な存在かもしれません。その美意識の高さはプロモーションにも及び「Switch! に共感し、オール電化住宅を選んでいただいたお客さまを決して裏切ってはならない。スタイリッシュで、誰もがカッコイイと感じ、そして、いつまでも愛される Switch! を目指そうではないか」と誰よりも熱く語る、まさに Mr. Switch! です。

Mr. Switch!
営業部長　廣瀬さん

そして、次の変化は、２００５年2月に発足した生活エネルギーデザインセンターの初代所長に、建築部門のトップ、成川さんが就任されたことでした。人脈が豊富で、技術全般に精通した成川さんの存在はとても大きく、これに前後して、建築部門はもとより、営業、法人営業、土木、火力、原子力、配電、電子通信、技術開発、人事などから〝エース〟と称される人材が次々と投入されていったのです。そして、Switch!プロモーションの社内へのブーメラン効果もあって「人材は勢いのある組織に集まる」という定説のとおり、オール電化営業を希望する人材も増えてきたのです。

部門縦割りの傾向が強い東京電力において、オール電化営業ほど、多種多様な分野から人材が集まっている組織はなく、それが新しい施策を企画し、展開する上でも強力な武器になっています。

さらに広がり、多くの社員が〝Switch!〟を愛し始めた

次の変化は、前述した他部門からの転身者が各部門とのパイプ役になり社内の応援団が続々と増え始めたことです。用地部では、遊休地や社宅を活用したオール電化住宅の販売（エストライフ事業）を打ち出し、これまでに新築分譲マンション、リノベーション賃貸、パナホーム（株）と提携した「Switch! House 世田谷」などを手がけ、大手デベロッパーやハウスメーカーとのパイプづくりに大きく貢献しました。

生活エネルギーセンター長
成川さん

また、経理部では、金融業界とのパイプを活かしオール電化専用の金利優遇ローンや火災保険割引商品などの開発を、労務人事部では、社員の福利厚生メニューのひとつにオール電化リフォー

Switch! HOUSE世田谷

ムを加えるなど、各部門の専門知識を活かした営業支援が次々と実現し始めたのです。

さらに、営業部と同じフロアにいる配電部では、キャンペーン毎に趣向を凝らした〝Switch!〟ディスプレイが登場します。このディスプレイは、配電部長が自ら設計を担当する100％手づくりによるものです。そして、キャンペーン初日に、配電部門のホームページの中で「さぁ、キャンペーンが始まった。みんなで〝Switch!〟を盛り上げよう」と呼びかけてくれるのです。

私たち営業部も、キャンペーン初日には、社員通用門や各部のフロアでキャンペーンへの協力をお願いしたり、インナープロモーションを実施したりします。

こうした、本店各部の温かい協力やインナー向けのプロモーションが実を結び、〝Switch!〟のバッヂやストラップを率先して身につける他部門の社員も急速に増えてきました。

ある事例をご紹介すると、2005年11月に幕張メッ

「来て見てSwitch! オール電化体験フェアin幕張」の朝礼の様子

セで開催した「来て見てSwitch! オール電化体験フェア」のスタッフを社内公募したところ、支店、支社はもとより、火力発電所の社員からも応募があり、募集の3倍以上ものスタッフが集まったのです。〝Switch!〟のエプロンを身につけて一所懸命にIHクッキングヒーターを説明している姿を見て、誰もが「東京電力の変化」に気づき、そして驚いていたのです。

関係会社はSwitch!プロモーションの強力なパートナー

さらに、関係会社にも大きな変化が生じました。

各地で開催するイベントを支える東電広告(株)、東京電力のPR施設の運営を担う東電ピーアール(株)などが〝Switch!〟のプロモーションには無くてはならない存在に急成長し始めたのです。急成長の要因は、何と言っても驚異的な場数の多さでしょ

「陳建一シェフのIHクッキングショー」の様子

う。国際展示場クラス（東京ビッグサイト、幕張メッセ、パシフィコ横浜、さいたまアリーナ等）で開催する大型イベントへの出展が年間で20回を超え、その中には主催イベントの企画・運営も含まれています。また、住宅展示場等での中小規模のイベントも年間で1000回を超えています。それもオール電化に特化して。これほどオール電化イベントの場数を踏んでいる広告代理店は、業界広しと言えども、まず他にはいないでしょう。

大型イベントを例にとっても、企画・制作を担当する東電広告(株)、有名シェフのIHクッキングショーのアレンジや司会を担当する東電ピーアール(株)、IHの説明スタッフを派遣する（株）キャリアライズ、オール電化の相談窓口（1次対応）を担う（株）東電ホームサービスなど、まさに東電グループの総合力によって運営されています。ロイヤリティの高いスタッフでイベントを運営できることは、何物にも変え難い東京電力の強みです。

最近では、電機メーカー、デベロッパー、家電量販店からも仕事の依頼があるようで、顔見知りのスタッフが他企業のショールーム等で活躍しているのを見かけて「どうしてここにいるの？ 仕事？」と、こちらが驚くことも少なくありません。

そして、女性たちの活躍の場が飛躍的に広がった

そして、もうひとつの変化が、女性の活躍の場が拡大したという点です。〝Switch!〟の屋台骨を支えているのは、あえて申し上げるまでもなく多くの男性です。しかし今回は、本書の趣旨に沿って、活躍の場が広がり、いきいきと働いている女性たちを紹介したいと思います。

東京電力社員の女性比率は約12％。それに対して〝Switch!〟に携わる女性社員の比率は約25％で２倍以上にもなります。これもオール電化営業の特徴と言えるでしょう。本店にも多くの女性が在籍し、プロモーション系に８人、フロント営業系に10人（うち７人が一級建築士）が配置されています。さらに、家電の情報発信等を実施している「くらしのラボ」を加えると26人（２００７年６月時点）にものぼります。懇親会を企画しようと思っても、日程調整が大変な人数です（笑）。

私が本店に勤務（当時は企画部に在籍）し始めた１９９７年３月当時は、庶務の女性を除けば本店で働く女性はとても少なく、ひとつの課（１９９７年７月以降はグループ）に１人いれば良い方だったことを思うと隔世の感があります。

私が担当しているプロモーションの仕事について言えば、テレビCM、新聞広告、雑誌広告、イベント、サブユーザー向けショールームの運営などの主要業務には、例外なく女性が関わっていますし、メイン担当の場合も多いのです。

それゆえ、他企業の方から「電力会社は男性職場のイメージが強かったけど、女性が多くてビックリしました」と言われることが多く、オール電化を介してお付き合いしている企業からは「東京電力は女性が活躍できる会社だ」というイメージを持っていただけているかもしれません。

また、支店、支社、そして関係会社にも、その活躍ぶりが本店にまで聞こえくる女性たちが多くいて、心強い限りです。支店、支社の場合は、結婚して子供を育てながら働いている方も多く、そのバイタリティーと前向きな姿勢にはいつも驚かされます。

4・Switch! キャンペーン成功への道のり

Switch! の成果① オール電化住宅は確実に増えてきた（2006年12月）

さて、「内部の変化」の話はここまでにして、本題に戻りたいと思います。

プロモーションに相当な経営資源を投入したからには、営業実績に触れないわけにはいきません。これからご紹介する実績は、言うまでもなく、プロモーションの独力で達成したものではありません。フロント営業、バックオフィス営業（技術支援）、プロモーション、それから、住宅業界の各プレーヤーの活躍などの総合力によって達成したものです。

Switch!と共に歩んだこの約3年間で、東京電力エリアの電化率は、4・5％（2003年度実績）から15％（2006年度実績）まで伸びました。

戸建市場では、年間の販売棟数に占めるオール電化住宅の割合が50％を超える大手ハウスメーカーも珍しくなく、なかには70％を超えるところも登場しています。3年前までオール電化を推奨しているところは1、2社だったことを思うとめざましい変化です。

新築分譲マンションの市場でも、2799戸の超大型マンション「THE TOKYO TOWERS」（東京都中央区勝どき）をはじめ、エコキュートを採用したマンションが363棟4万2515戸を突破（東京電力サービスエリア内／2007年6月20日時点）。「設置スペースが大きいエコキュートは、マンションには不向き」と言われ続けてきたハンデを見事に覆したのです。

こうした住宅業界の動向を裏付けるように、マーケティング調査にもオール電化が潮流に乗っていることを感じさせる結果が出ています

課題であったエコキュートの認知向上についても、2003年には59・2％だったのが、2004年には70・7％、2005年には88％にまで上昇（出典：リクルート「注文住宅と住宅設備に関する動向調査2005」）。住宅建築の依頼先の選定理由についても、「オール電化だから」という項目の数値が上昇しています。

そのため、工務店の中にも、オール電化を差別化のアイテムに活用しているところもありますし、街

リクルート「オール電化住宅実践ガイド 2006」

図3　エコキュートの認知・検討・採用状況（リクルートデータをもとに算出）

今回の調査では、エコキュートの認知率が88%をマーク。

検討率も20.2ポイントあがり、注文住宅購入者の7割以上がエコキュートを検討の俎上にあげている。

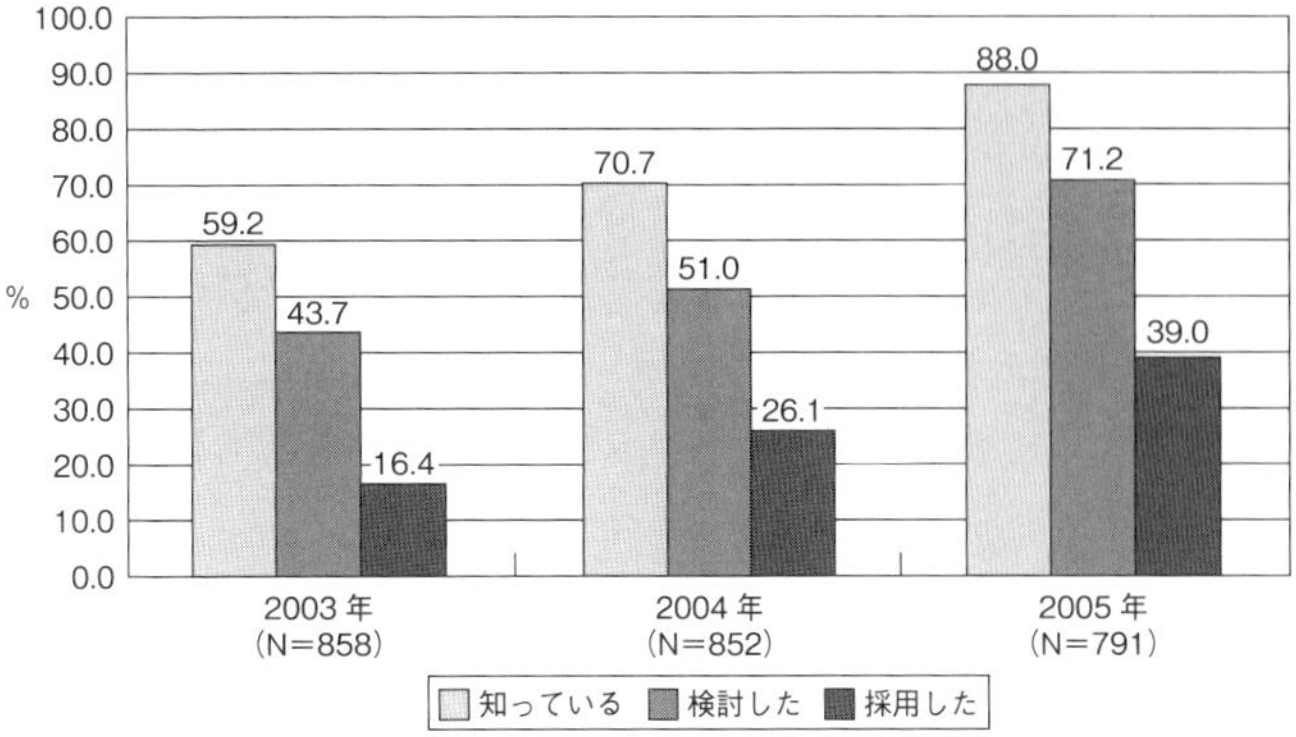

出典：株式会社リクルート「注文住宅と住宅設備に関する動向調査2005」

家電量販店のオール電化コーナー

の電器屋さん（メーカーの系列ショップ）でも「オール電化とデジタルテレビ」を経営の柱に据え、高齢者をターゲットにした受注拡大に努めているお店も増えてきました。そして、家電量販店の中にも、「オール電化リフォームコーナー」を新設するところも登場するなど、私たちと志を同じくする〝Switch!のパートナー〟が増強されつつあります。

出版業界でも「オール電化の特集を組むと売れる」という実績があるようで、リクルート、日経BP社、柑出版、ニューハウス、エネルギーフォーラムなどがオール電化の特集号を発行しています。最近は、広告出稿に負けないくらい取材の申し込みも多くて、嬉しい限りです。

Switch!の成果② でも、まだまだ15勝85敗（2006年12月）

とはいえ、まだ15％です。増えた増えたと喜んでいるこの数字も、新築住宅の電化率、いわゆる〝フロー〟であり〝ストック〟ではありません。〝ストック〟でみた場合の電化率は、わずか1・1％。100軒に1軒しかないのです。円グラフにすると、0％のラインと重なって判別が難しいほどの数字です。

また、私たちが営業をしてきたのは、新築の中でも注文戸建、分譲戸建、分譲マンションの3つの市場で、賃貸住宅の市場には、ほとんどアプローチできていません。

この賃貸住宅の市場には、前述したとおり、シーズヒーターと電気温水器（沸き増しができないタイプ）のオール電化マンションが普及した時期がありました。しかし、そのことが逆に、当時の湯切れ、火力の弱さなどから「オール電化にするとクレームが増える」というマイナスイメージを作ってしまい、オーナーや管理会社の意識に刻印されてしまったのです。さらに、ガス機器とオール電化機器とでは、初期投資の負担にも開きがあるため、二重の苦しみを抱えている状況です。

今回、お話するにあたって「新築賃貸住宅の電化率を教えてちょうだい」とマーケティングの担当箇所に依頼したところ「１％にも満たないけど、それでも正確な数字を調べたほうがいい？」と聞き返され、しばらく言葉を失ったほどです。

続いて手つかずなままなのは、既設住宅のリフォーム市場です。住宅設備が、食品や衣料品のように購買周期が短い商品（消費財）であれば、集中的なプロモーションや営業によって短期決戦でも数字を伸ばせるかもしれません。ところが調理コンロも給湯機も、10年、20年と使い続ける耐久財と呼ばれる商品です。気軽に試したり、買い換えたりはしない商品なのです。新築住宅の数字を伸ばすのに精一杯な状況にも関わらず、さきほどの１・１％という〝ストック〟の数字を伸ばして行くためには、既築住宅のリフォーム市場にもアプローチして行くことが不可欠なのです。

しかし、リフォーム市場については、難題が山積しています。

ひとつは、マンションの電気容量の問題です。築年数が経過しているマンションの場合、ＩＨクッキングヒーターやエコキュートを導入したくても、マンション全体の電気容量が不足していて、できないことが多いのです。電気容量の改修工事には費用がかかるため、居住者同士の利害衝突も招きやすく一朝一夕には進みません（その後、２００７年秋に、この問題に対処する「幹線パワナビ／松下電工」が登場することに）。皮肉にも電力会社が電気容量の壁にぶつかっているのです。

次にリフォーム市場は、パートナー選びが難しいという問題もあります。〝餅は餅屋の戦法〟と言いつつも、どこが「信用に足る餅屋なのか」、「力のある餅屋」なのか、暗中模索の状態なのです。

これが、一見、華やかで脚光を浴びているかのように見えるオール電化営業の現状です。まだまだ圧倒的な弱者にも関わらず、社内には、「オール電化も伸びてきたし、営業に力を入れるのもあと2～3年がいいところだろう」と考えている人もいて、認識の格差を驚くと共に、危機感を抱かずにはいられません。オール電化の普及は、ライバルが本腰を入れて対抗し始めた今から本当の戦いが始まるのです。〝重点的かつ継続的な経営資源の投入〟を続けるためにも、この約3年間のレビューをした上で、現状の課題と将来を見据えた方策を再確認する時期が来たのかもしれません。

5・新たなムーブメント

〝Switch! the design project〟(20××年)

最後に、将来を見据えた方策のひとつ、〝Switch! the design project〟についてお話したいと思います。

ここまで、ＩＨクッキングヒーターやエコキュートは、時代の要請に応える住宅システムだと宣伝してきました。とはいえ、電力会社が提案する未来の暮らしが、ＩＨクッキングヒーターとエコキュートだけというのも、あまりにも寂しい。もっとワクワクと心が躍るような新しい価値を提供したい。そして、お客さまから期待される企業でありたい。そんな願いを込めて取り組んでいるのがこの〝Switch!

the design project〟です。

これまで、電力会社の商品開発は夜間の余剰電力の活用（負荷平準化）に注力していて、新規開拓についていては、電機メーカーが新しい電気製品を次々と開発し、普及させてくれていました。比類無きほどに恵まれたビジネスモデルです。とはいえ、このビジネスモデルには、電力会社とお客さまの接点を希薄にする副作用もあったのです。電気は、無色透明、無味無臭、カタチもなければ重さを感じることもできません。それゆえに誰が作っても（発電しても）、誰が届けても（送電しても）同じなのです。電力自由化が進展する中、「価格以外の価値」を生み出す上でも、私たちは、お客さまに〝東京電力〟を意識してもらえるような接点（媒体、端末）を持ちたいと考えたのです。

この〝Switch! the design project〟は、これまでに発表した「COMPACT IH」「design eco cute」などのモノづくりから始まり、「Style Kitchen」のライフスタイル提案、「PLUG-in」「WALK-in」の家づくり、そして将来的には街づくりまで視野に入れた、ライフスタイルムーブメントです。このほかにも、２００６年秋に規制緩和された〝電力線通信（ＰＬＣ）〟は、これまでにない新しいライフスタイルを創造する可能性が秘められています。また、開発途上ではありますが、〝電気自動車〟も未来の街づくりの重要なアイテムになるかもしれません。

現時点の〝Switch!〟では、オール電化住宅の普及を直近の課題として取り組んでいますが、将来的には〝でんきのチカラ〟が持つ可能性を信じ、最大限に引き出すことで、社会に、そして人々の明るい未来に貢献したいと考え、動き始めているのです。

期せずしてヒットしたSwitch!

Switch!のプロモーションは、期せずしてヒットしました。そのヒットは、オール電化住宅の普及ばかりではなく、東京電力の内部に大きな変化をもたらしました。いえ、もしかしたら、内部の変化が〝Switch!〟をヒットに導いたのかもしれません。内部の変化は、当初(少なくとも私は)期待も予測もしていなかったことです。組織が大きくなればなるほど、状況の変化に適応したり、意識を変えたりすることは困難です。東京電力も例外ではなく、しばしば「巨象」と呼ばれ、動作の遅さを揶揄されることもあります。それゆえに内部の変化は、オール電化の普及と同じぐらい嬉しいことでした。

〝Switch!〟は、3年後の2010年、ストックベースで100万戸の普及(東京電力のサービスエリア内)を目指し、第2ステージに進もうとしています。これからのSwitch!と東京電力に是非ご期待ください。そしてまずは、みなさまも応援団の1人として、オール電化にSwitch!しませんか?

満足の声、ぞくぞくぞくぞく。

家族全員がECOに関心を持ったこと。

山梨県山梨市 男性
59歳ですが、5年後10年後に良かったと感じると思う。安心して生活できることが何よりもうれしい。

Switch!

オール電化満足度
96.3%
いまだ上昇中の"満足度"をリアルに感じていただくため、すでにSwitch!した方々の生の声を大公開。
もっとリアルに満足したい方は、ぜひ体験してください！
工夫次第で電気料金が安くなる。
神奈川県横浜市 男性
室内の空気がきれいです。お料理する時間が楽しいです。作る喜びが感じられます。食卓を囲む時間が長くなりました。
子どもだけでの留守番の間も、デンキなので安心。
電気と、ちょっといい毎日。
0120-432-910
www.tepco-switch.com
東京電力

第6章　いざ!PR・マーケティング革新へ―電力会社営業ウーマンの「プロジェクトX」
《第1部》「Switch!」プロモーション2004~2006【東京電力編】

四ツ柳　尚子（よつやなぎ　しょうこ）
東京電力株式会社　販売営業本部　営業部
生活エネルギーセンター　営業推進グループ課長

北海道出身。1992年、東京電力株式会社・杉並支社（現荻窪支社）に入社し、料金、電話受付、電柱移設業務等を担当。

1997年、本店企画部に異動し、新組織制度の導入、支店の組織改編等に携わる。

2002年から現職。営業部にてオール電化普及に向けた営業方針の立案・プロモーション担当として、日々勉強の毎日を送っている。

仕事のモットーは「どの瞬間も自分のベストを尽くす」。そして「何でも楽しむ!」。

《第2部》「電気」「オール電化」を越えて〔関西電力編〕

1・「はぴeポイントクラブ」のサービスが始まった！

マーケティング革新を目指す電力会社の生活提案

関西電力は、平成17年7月、全国のエネルギー会社で初めて、オール電化料金であるメニュー「はぴeプラン」にご加入のお客さまを対象に、電気でポイントが貯まる「はぴeポイントクラブ」のサービスを開始しました。

このサービスは、簡単に言えば飛行機に乗ってマイルを貯めるマイレージクラブの電力版です。「はぴeポイントクラブ」に入ると、ご家庭でご使用いただいた月々の電気料金に応じて、ポイントが貯まるだけでなく、関西電力グループのインターネット接続サービスやホームセキュリティ、飲食店などの「はぴe」加盟店でもご利用に応じてポイントを貯めることができ、貯まったポイントを、お好きな商品やギフト券などに交換することができます。

２００７年６月末現在で会員数は14万1千人を越え、順調に増加しています。会員サービスも、まだ始まったばかりではありますが季刊誌の発行、ホームページの作成や会員向けの様々なイベントやセミ

図1　「はぴeカード」と「はぴeVISAカード」

左から「はぴeカード」と「はぴeVISAカード」

ナーの開催などを次々と打ち出して、会員の皆さまとの絆を作っていこうとしているところです。

この「はぴeポイントクラブ」は、電力会社の重点顧客であるオール電化のお客さまにポイントを持っていただき、顧客満足を高める方策のように見えますし、実際そういう側面がないとは言えませんが、実は私たちマーケティング企画のチーム（以下、「チーム」または「私たちのチーム」と呼ぶ）にとって、このクラブはもう少し深い、マーケティング的な（つまり顧客視点で、電力会社にとっての新しい価値提供の地平を拓くという）意味を持った取り組みだったのです。具体的には、①お客さまとの双方向コミュニケーションを実現する関係性を構築すること、②電力会社が通常扱っている「電気」「オール電化」という商品を超えた生活の価値提案を行なっていく、という2つのことに日本のエネルギー会社として初めて取り組んだことがそれにあたります。

また、実際に「はぴeポイントクラブ」のサービスを始めるまでの道のりは、決して平坦であったとは言えません。サービスの検討を始めてから、実際にサービスを開始するまでに5年もの年月がかかりましたし、その間、乗り越えなければならない多くの課題に直面しなければなりませんでした。

本章では、この「はぴeポイントクラブ」立ち上げにまつわるプロジェクトを通して、私たちのチームが電力会社にとってのマーケティングについてどのように考え、この「はぴeポイントクラブ」のサービスにどのような思いをこめ、どのようなことを実践し、将来的に何を目指しているのかについて、述べていきたいと思います。

なぜ「ポイント」なのか〜電力会社のマーケティング革新〜

言うまでもなく、マーケティングとは、お客さまの視点でお客さまが何を求めているのかを十分に考え、市場を創造していく（その求めているモノをつくり、求めている形で売っていく）こと、いわば、「売れる仕組みづくり」です。そして、その商品・サービスに対してお客さまからの選択、信頼を得て、継続的な提供をすることが「売れ続ける仕組み」づくりをすることになり、これがブランド構築につながっていきます。図2に示してあるように、とても簡単な言葉でこのプロセスを3つの段階に分けるならば、「なるほど」→「やっぱり」→「ずっと」ということになるでしょうか。

さらに、それを企業活動にあてはめて言えば、短期的に企業として存続していくための活動（短期的な手法で販売を維持・拡大することやコストを削減すること）ではなく、将来的に成長していくための戦略立案や、それを具現化した仕掛けや仕組みづくりをしていくことがマーケティングだと考えられます。

図2　顧客とブランド間の関係性の維持・強化

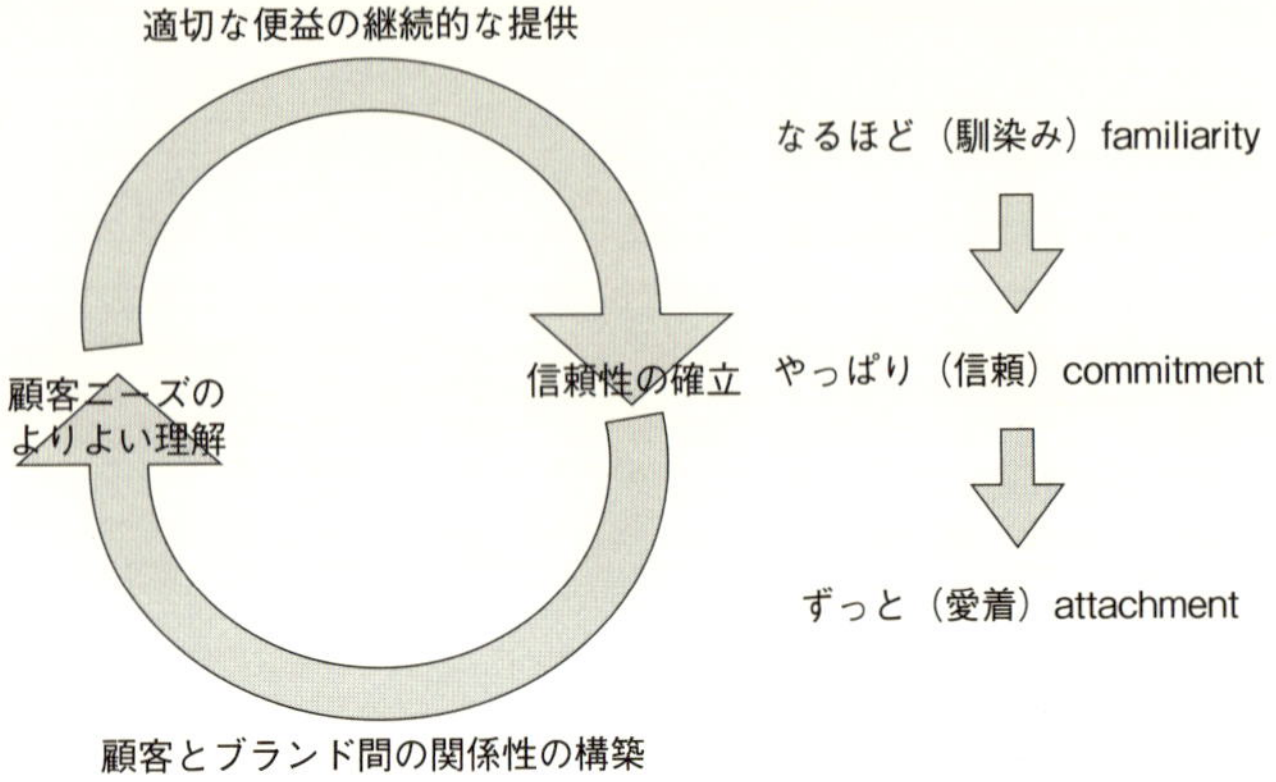

出所）Upshaw, Building Brand Identity, 1996, P24 に一部追加

実のところ、日本のエネルギー業界でのマーケティングの歴史はとても浅くて、1951年に創立された日本の多くの電力会社の場合、企業としてマーケティングについて考え始めてから、ようやく7~8年といったところかもしれません。

なぜ、電力会社にマーケティングの概念がなかったのかというと、その理由は簡単で、90年代までの規制下・供給独占の仕組みのためです。営業活動をしなくても、顧客を獲得でき、しかも事業収入のほとんどが確保されている状態であれば、企業としては顧客のニーズをよく理解し、新しい市場を創り出していくことよりも、電気を安定的に供給し、公平性を保つことが優先されます。

しかしながら、90年代以降にはじまった、規制緩和に伴う電力の部分自由化は、電力会社の考え方を大きく変える、キックになりました。一部の大工場や商業ビルなどでは、供給エリア外の電力会社や電力会社以外の供給者からも電力を購入することが可能になり、「競争」が現実化しました。電力会社はそれによって「お客さまに自社の電気を選んでいただくためにどのように商品、サービスを差別化し、どのようにその価値を伝えていくか」という問題に初めて直面したわけです。

しかしながら、電気という財をマーケティング的に差別化し、自社の電気の価値をお客さまに伝えていくことは簡単ではありません。言うまでもなく、電気はその工学的な特性によって誰が作って送っても品質が同一であり、通常はサービスを提供するために直接的には人を介しません。すなわち、ホテル業やカリスマ美容師、高級レストランのように「サービスの差別化」によるブランド構築が効かないのです。

人を介することの少なさという点では、電力会社の営業スタッフから具体的なサービスを受けた、という経験のあるなしを考えてみると良いでしょう。「そういえば、学生のときに下宿を始めたとき、1度だけ電話をしたことがあったかなあ。」、「引越しをするときもブレーカーを下ろすだけだったし、顔を合わせたことはないかも。」これが電気というサービス財の特性なのです。大多数のお客さまにとっては、毎日電気がつく、ということは当たり前のことであり、そこに何か差があるなどとは意識しないし、そのことに特別な満足など感じません。

こうしたことの結果、電力会社の中には「電気という商品は差別化が効かないので、最終的に価格のみの競争となり、マーケティングの議論は無意味ではないか」という一種の「常識」が存在しています。しかしながら、私たちのチームは、この「常識」に挑戦状を叩きつけるべきだと考えました。なぜなら価格戦にはいつか限界が訪れ、それは場合によっては電力会社にとって最も重要な使命のひとつである安定な電気の供給を脅かす状態へ追い込みかねないからです。いかに値下げをしようとも、最終的に原価を割っても下げ続けることはできなくなり、利益もなくなるので企業は存続できなくなります。

その「値下げの限界」が訪れた時に、価格以外でお客さまに選ばれる価値を持っていない電力会社が生き残ることは可能でしょうか？価格を下げること以外に私たちができることはないのでしょうか？

「電気」「オール電化」から「はぴe価値」へ

私たちのチームが「はぴeポイントクラブ」の企画を始めた当時、関西電力では家庭用分野のマーケットに対して、オール電化住宅を戦略商品として位置づけ、積極的な営業活動を行なっていました。しかしながら、ここまで述べたように、電気が極めて品質が均一化していて、差別化がしにくい財なので、当時の差別化戦略は価格の値下げにフォーカスされていて、本当にこのままで良いのだろうかという、不安と行き詰まり感を覚えていました。

この不安と行き詰まり感に対して、次への出口を見つけるための鍵は、「価値」という言葉へのこだわりでした。言うまでもなく、電気がなくては、現代の生活は成り立ちません。お客さまは、例え電気そのものに価値を感じることはなくても、電気を使った生活には、間違いなく便利さ、快適さを感じていただいているのではないでしょうか。そうであるならば、電気そのものではなくても、その生活の価値を広げたり、深めたりすることができれば、それはきっと、私たち独自のサービスになるはずであり、差別化が可能になるのではないかと考えたのです。

図3 IHクッキングヒーター

私たちのチームは、電気という商品を超えて、関西電力のオール電化だから実現できるサービスを創り出し、お客さまにそのオリジナルな生活価値を提供すること、さらに、その取り組みを日本のエネルギー会社のなかで一番初めにスタートさせること、という2つのビジョンを掲げました。

価値を論じて価値を創り出す上では、お客さまが求め、そして関西電力グループが提供できる価値の姿を描いていく必要があります。そしてその時踏まえなければならないのは、商品・サービスの「価値」がどのような要素から成り立っているかということです。

例えば、一般的にオール電化生活の特性として、「安全性」、「快適性」、「経済性」が挙げられます。実際に、オール電化住宅にお住まいのお客さまから、「火のないＩＨクッキングヒーター

図４　機能的価値と情緒的価値

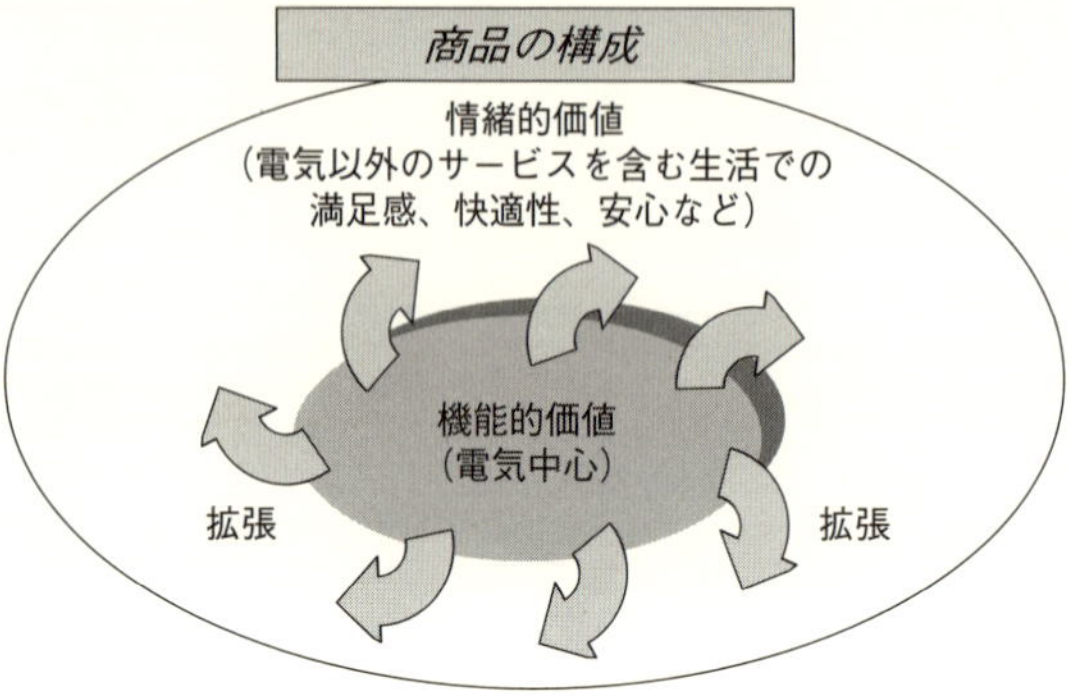

を使うことで安心して料理ができるようになった」、「ＩＨクッキングヒーターはフラットパネルなので拭くだけですぐきれいになり、キッチンのお掃除がとてもラクになった」、「オール電化にして家中の光熱費が以前より安くなった」といった声をたくさんいただいています。

　これらは、商品の機能的価値と言われるものです。商品には一般的に、その商品そのものが持つ「機能的価値」と、それを使用することによって得られる「情緒的価値」に分けられます。例えば、ベンツの自動車は頑丈で速く走る、これは機能的価値、ベンツに乗った時に、味わえる高揚感や満足感、これが情緒的価値になります。消費者がある商品、サービスを購入するときには、一般的に、その商品の持つ機能的価値のみで購買行動に結びつくことは少ないと言われています。その機能的価値の周辺にある価値、すなわちデザインや、色、空間、雰囲気、それを使っているときの自分の気持ち、そういうはっきりとは目に見えない何かにも、同様の、あるいはそれ以上の価値を認めて購買する、というのです。関西電力とお客さまとのロイヤルな関係を構築していく、つまり、図4に見るように「なるほど」（機能的価値）から「やっぱり」（情緒的価値）へ発展させていくには、（ことばではっきり表現しにくくて大変もどかしいのですが）オール電化から広がっていく生活の情緒的な価値の部分で、関西電力オリジナルのしっかりとしたお客さまとの関係を築いていくことがとても重要なのです。

顧客ニーズから「価値」を探る

それでは、オール電化をベースにお客さまに対して広げ、深めていくべきオール電化生活の情緒的価値とはいったいどのようなものなのでしょうか？チームでは実際に生活しておられるお客さまはどんなことに普段、価値を感じ、満足されているのでしょうか？そこに何かヒントが隠されているのではないかと考え、顧客へのニーズ調査を実施しました。

チームが実施した顧客ニーズ調査では、オール電化住宅に住む前には気づかなかったが、実際に生活を始めた後で満足を感じたことを記入していただきました。すると、オール電化の生活で実現できる情緒的な価値が、少し明らかになってきました。「高齢者がいる家庭でも外出時に火の始末を心配する必要がなくなって気持ちがらくになった」、「火がないＩＨクッキングヒーターにしてから、小さい子供と一緒に料理を楽しんでいる」、「キッチンがいつもきれいに保てるので、とても気持ちが良い」、「家事が効率的にでき、気持ちにゆとりができた」といったご意見が本当に多数寄せられました。これらは、一見するとどれもすぐにはピンとこないものかもしれません。毎日を安心して暮らすこと、気持ちが良いこと、気持ちにゆとりを持つこと、親子がキッチンで一緒に時間を過ごすこと、どれも明らかに「価値がある！」と表現することは難しいと言えるでしょう。ただその状況を経験した人にとっては、はっきりとした価値が感じられるのです。そして、まさにそれこそがオール電化の生活が持つ情緒的価値というものなのだと思います。

生活とは私たちが生きていく毎日、そのものだといえます。主婦の方や、ＯＬさん、女性に限らず男性もそうかもしれませんが、例えばキッチンは１日のうち、必ずある一定の時間（かなりの時間？）をそこで過ごす空間です。その空間が、きちんと片付いていたり、家族と触れ合える場所であったりすることは、その一瞬だけを捉えれば、ちょっとした満足なのかもしれませんが、３６５日毎日繰り返され、そして今後ずっと続いていく生活そのものだと考えれば、少しでも自分にとって思い通りの場所、そこにいて気持ちの良い空間であることはとても重要であるはずです。

こうした価値の感じ方を聞いた後に、今度はオール電化で暮らしている人、一般の人すべてに、「将来、どんな暮らしの実現を望んでいるか」も聞いてみました。「自分の生活に対して大切に思っていること」や「興味を持っていること」といった項目です。すると、共通して「無駄遣いはしないが、自分が必要だと思うもの、家族の安全や、自分にあう生活のスタイルを確保することには妥協せずに費用をかける」、「賢く生活したい」、「大切な家族が暮らす家や家族の安全はしっかり確保する。その上で自分の時間をつくり、やってみたかった趣味や学んでみたかったことにチャレンジして、自分自身をステップアップさせたり、生活に役立つ情報を積極的に取り入れて暮らしを楽しみたい」、「気持ちの面でのゆとりを、もっと感じる生活を送りたい」といった、今後実現したい暮らしのビジョンが浮かびあがってきました。

毎日のことだからこそ大切に考える、そんな価値に共感するお客さまが今後実現したい暮らし、そのために関西電力ができることとは、「コア部分の価値である電気を出発点として、そこから広がる生活の幅を広げたり、深めたりする」ことではないだろうか、具体的な内容の方向性がなんとなく見えてきたわけです。

2・企画の具現化に向けて

「はぴeポイントクラブ」のコンセプト

それでは、これらのビジョンを具現化するために、いったいどんなサービスを始めれば良いのでしょうか。私たちはひとつの会員クラブをつくることを考え始めました。そのコンセプトと具体的なスキームは次のようなものになっていきました。

コンセプトⅠ　オール電化の生活をもっと楽しむための会員クラブであること。

そのクラブに参加することで、会員との双方向コミュニケーション（関西電力と会員、会員同士）が実現できます。具体的には毎日の生活をもっと安心して、快適に暮らすために役立つ情報、生活を楽しむためのコンテンツを共有し合うことができます。

図５　「はぴｅポイントクラブ」の仕組み

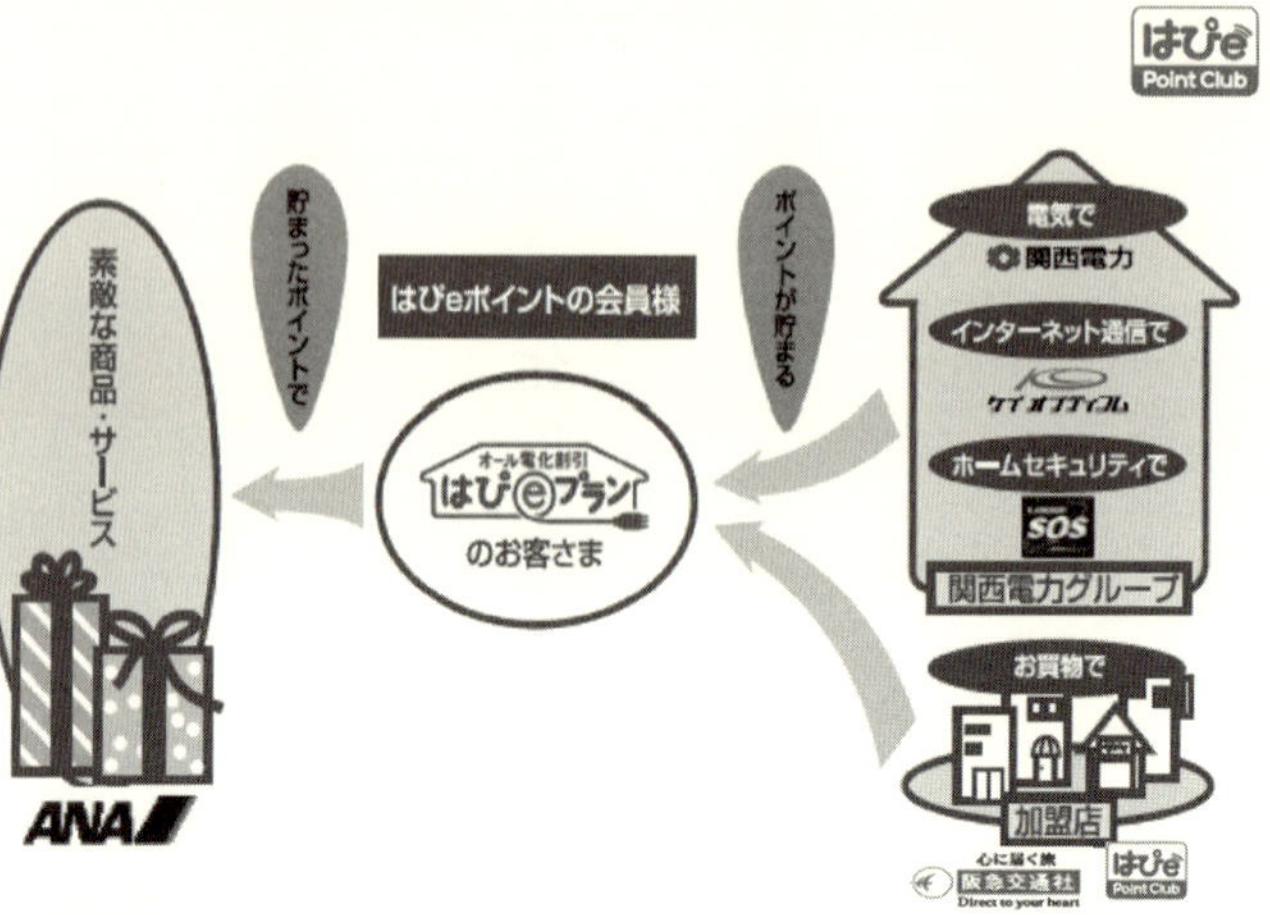

具体的なスキームは、次の２つです。

①ポイントによる生活の価値向上

月々の電気のご使用量に応じてポイントが貯まっていきます。

またクレジット機能のついた「はぴｅＶＩＳＡカード」にお申し込みいただくと、電気で貯まるポイントの他に、クレジットでお買い物した料金に対しても、クレジットカード会社のポイントとは別に、「はぴｅポイント」が加算されます。

貯まったポイントを、いろいろな商品、サービスと交換して、オール電化の生活とそこから広がっていく生活を楽しむことをつなげていく仕組みをつくったのです。

②コミュニケーションインタフェースの作りこみ

はぴｅポイントクラブに加入されると、「はぴｅカード」という会員証が発行されます。お財布にいつも入れていただけるカードを発行することで、会員と関西電力の関係をもっと近いものにしたいというねらいがあります。コミュニケーションツールとして会員のみなさまには、「はぴeポイントクラブ」事務局から年に4回、食、健康、趣味など、毎日の生活にお役に立ち、あるいは生活を楽しむことができる情報満載の季刊誌をお送りしています。その他にも「はぴeポイント」オリジナルのホームページや、ブログ、メールマガジンの配信などを通して、継続的に暮らしを豊かにしていく、「はぴeポイントクラブ」ならではの情報満載なツールにアクセスし、常にホットな情報を共有、交換し合うことができるのです。

コンセプトⅡ 関西電力グループで生活のベースインフラをサポートすること。

関西電力では、社内に保有する経営資源を最大限有効に活用し、かつお客さまのニーズに応え、収益を拡大、企業として成長していくために、グループ事業を推進しています。その代表事例として、2001年6月にインターネット接続、光通信事業を行なう、㈱ケイ・オプティコムを設立、2002年9月にはホームセキュリティ事業を行なう、㈱関電SOSを設立し、年々顧客層を広げていっています。

私たちのチームは、オール電化生活の安全性をサポートするこの2つのサービスをオール電化の満足感をもう一歩広げていくためのサービスラインアップとして位置づけ、「はぴeポイントクラブ」を通してより手軽に利用できるようにしたいと考えました。

具体的にはまず、関西電力グループの戦略的商品である、光ファイバーを利用したインターネットや電話、ケーブルテレビが一体となった情報通信サービス、ホームセキュリティサービスを合わせてご利用いただいた場合には、電気のポイント＋各々のサービスご利用ポイントの合計に対して、ダブルポイント、トリプルポイントが加算されるようにしました。これによって、会員の皆様にとって、関西電力の電気だけでなく、関西電力グループのサービス全体をより利用していただきやすくしました。

「はぴeポイントクラブ」のコンセプトはポイントを付加して、一種のお得（割引）感をご提供することだけではありません。それよりもとにかく、関西電力が戦略商品としているオール電化住宅を選択してくださったお客さまに、オール電化生活の満足をもう一歩そこから広がる生活の豊かさへの満足にも広げていくためのサービスを関西電力がご提供することなのです。関西電力で貯めたポイントが生活の楽しみへつながるサイクルをつくっていくこと、お客さまとの継続した関係を構築して双方向のコミュニケーションをしていくこと、その役割を担うのが「はぴeポイントクラブ」なのです。

ちなみに、この「はぴe」という言葉は、関西電力のオール電化生活を表すブランド名です。関西電力のエネルギー（Energy）を利用して、Happyに暮らすという思いを込めています。関西電力のオール電化に関する取り組みにはすべて、この「はぴe」という名称がついています。オール電化の料金メニューは「はぴeプラン」ですし、流通チャネルを構成している、工務店や電気店もそれぞれ「はぴeビルダー会」、「はぴeスマイル店」と名づけています。またさまざまなプロモーションにおいても「はぴeキャンペーン」として、統一的なイメージを保つようにマネジメントしています。そして、その会員クラブはもちろん「はぴeポイントクラブ」。関西電力のオール電化生活は「はぴe」というネーミン

図6　はぴeブランドロゴ一覧

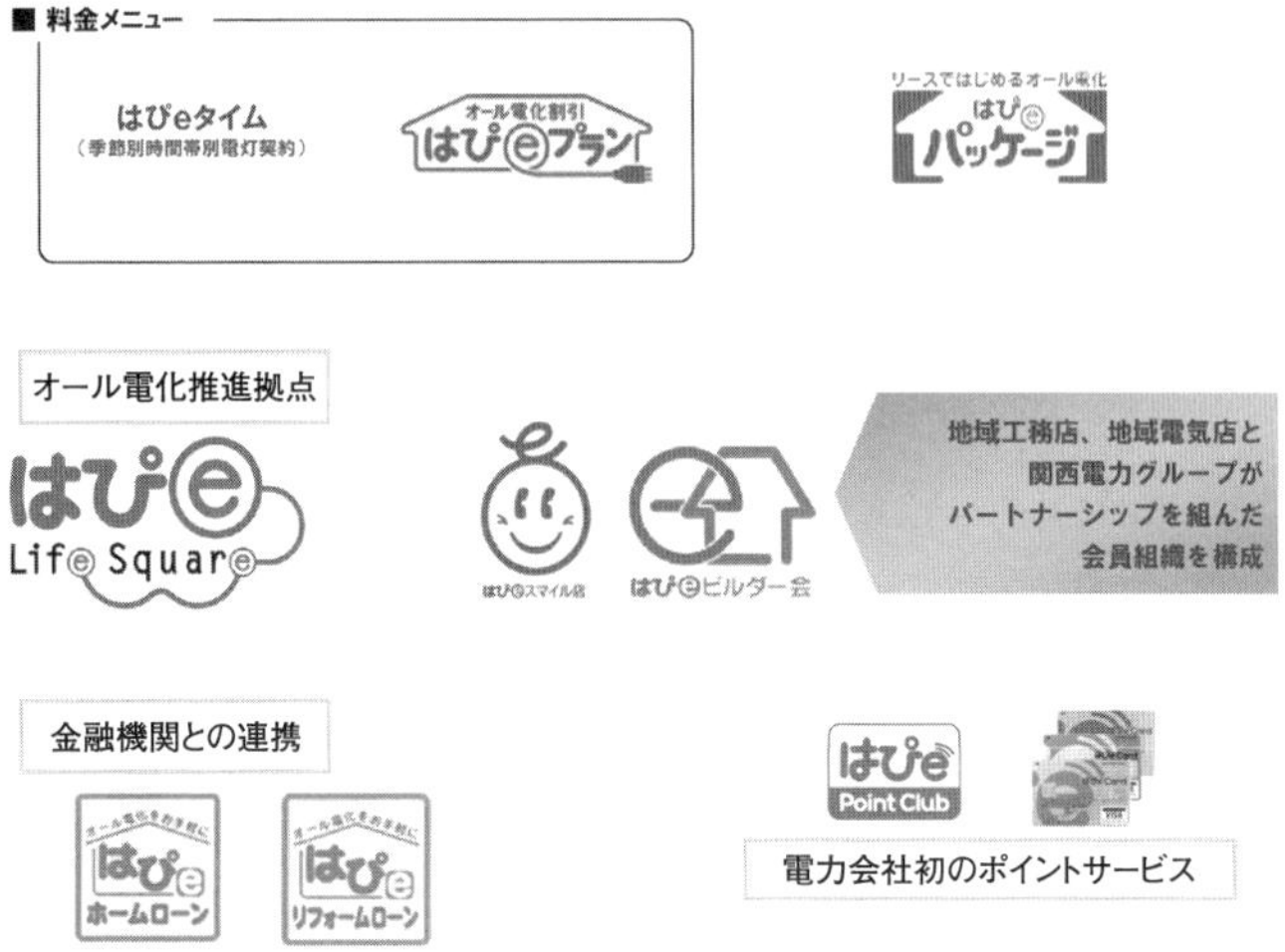

グでまとめています。

立ちはだかる厚い壁

このように「はぴeポイントクラブ」のコンセプトを固めた私たちのチームは、次に実現に向けて社内の説得を始めました。プロジェクトを会社として実行に移すためには、当然役員会の承認を受けなくてはなりません。ですが、事前に予想されたとおり、社内の理解を得ることは簡単ではありませんでした。

「関西電力は、電気を販売することで利益を上げており、もっとオール電化顧客を増やしていくことの方が優先ではないか?」、「オール電化の顧客基盤がまだ整っていない段階で、戦略商品とはいえグループ事業の商品とのパッケージは時期尚早ではないか」、「オール電化とグループ事業のパーケージ化に、本当に拡販効果が期待できるのか」など、営業部門内はもちろん社内各所から反対の声が上がったのです。

プロジェクトの立ち上げに関わったメンバーは、部長、マネジャー、担当2人の4人体制でした。少ない、と思われるかもしれませんが、ボトムアップの企画で、実際にやるかどうかもまだわからない新サービスの開発に振り分けることができる人員はこれが精一杯でした。ですから、このときの状況は企画から運用体制の検討までを本当に全員で取り組んでいました。プログラムのコンセプト、収益性、採算性について何度もチームで議論をし、社内を説得するために、話し合いが何時間にも及ぶことがたびたびでした。

こうした困難の中にあって、当時部長だったKさんはこのプロジェクトの力強い推進役でした。彼は、ポイントクラブの取り組みは、関西電力が、電気という商品からその周辺に広がっている生活の価値というものへもサービスを広げて、お客さまとより強い絆を築く取り組みのスタートであり、そうすることが関西電力という会社の価値を高めていくために不可欠である、という信念を持ってこのチームを立ち上げてやってきたのですが、この各所の反対の中でも粘り強くプロジェクトの意義を訴え、社長をはじめとする上層部の説得にあたりました。

当時のことで忘れられない出来事があります。ある日、社内の説得に行き詰っていたときに、あるマーケティング先進企業にその取り組みをリサーチさせていただいたことがありました。その時に印象に残っているのが、その企業のマーケティング担当の方の「社内でマーケティングの効果的な方法で悩むことはあるが、マーケティングの重要性について議論になることはないよ」という言葉でした。当時の(電力会社の中では進んでいた方かも知れない)関西電力のマーケティングに対する認識と理解状況は、世の中の企業に比べて、そのくらい遅れていたのです。

システム構築とクラブの魅力づくり

さらに、サービスの運営に関するシステム面でも、大きな問題が立ちはだかっていました。チームは、社内の説得をするなかで、「ポイントというプロフェッショナルなカード事業に経験もノウハウもない電力会社が参入して運営していくことができるのか」という指摘を受けていました。ポイントカードの発行という仕組みは、今やいろいろな業種で顧客満足のための付加価値サービスの提供やリピーターづくりの代表的な手法として多用されているため、サービスのシステム開発や運用は比較的簡単にできるのではないかと、素人には思えてしまうのですが、これが容易ではありませんでした。

その大きな理由は、このサービスはいったん始めてしまうと、途中でやめることができない、という点にあります。月々発生するポイントや交換されたポイントを計算し、お客さまにお知らせするという半永久的な管理が必要になるからです。そして私たちが、提供したいサービスは、電気、インターネット、セキュリティ、レストランなどでのご利用など、複数のサービスによってそれぞれにポイントが発生するものであったので、10万人以上の会員情報を毎月管理するためには、大変なシステム構築をしなければならないことがわかったのです。

実際に、顧客基盤の強化を進めようとして、カードシステムを計画している欧州の巨大電力会社のほとんどがそれを断念しているのも、巨額なシステム投資と採算が合わないためだということも後でわかりました。

さらに、レストランやお店などをご利用される際に、発生する「はぴｅポイント」のデータを伝送するために、それらの「はぴｅ」加盟店にもポイント管理専用の端末を設置することが必要であり、それらをあわせると、サービス開始にかかるシステム構築の初期費用は莫大な数字になっていました。

「自社開発をしていたのでは、とても採算がとれない。しかも、開発するためには、相当の時間がかかり、当初予定していたサービスの開始に遅れることになる。」振り返ってみると、この時がプロジェクトにとっての最大の危機だったと思います。私たちは自社でシステムを開発することあきらめ、カード発行や、ポイント管理のノウハウを活用させてもらうアライアンス先を探すことにしました。

クレジット会社では、クレジット決済された金額に応じてポイントを付加しており、その管理、運営のシステムをすでに構築されているため、このノウハウを活用できれば、大幅な費用削減を見込むことができました。全国のカード会社へ「はぴｅポイントクラブ」のコンセプト、サービス内容をご説明し、アライアンスの協力を要請してまわる日々が始まりました。しかしながら、私たちのサービスに必要な機能を備えた端末を、先行して設置されているカード会社がなかなかなく、ここでもまた壁にぶつかることになったのです。

あきらめずに、アライアンス先をご訪問し続けていたそんな中、ようやく私たちの求めていたアライアンス先に出会うことができました。三井住友ＶＩＳＡカード様では、私たちのポイントクラブのコンセプトやその取り組みに対して、とても理解を示してくださり、「はぴｅポイントクラブ」のお客さまに対して、三井住友ＶＩＳＡの「はぴｅＶＩＳＡカード」を発行し、ポイント運営に関する積極的なアライアンスを快く了承してくださったのです。

　この「三井住友ＶＩＳＡカード」との提携により、この難題をようやくクリアすることができた私たちは、２００４年2月、「はぴｅポイントクラブサービス」開始のプレス発表にこぎつけることができました。

　こうしてハード面での課題をクリアすることができた私たちは、息つく暇もなく、サービスを開始するためのソフト面での準備にとりかかりました。

　ポイントクラブ運営の体制作りと「はぴｅ」加盟店網を拡大するための営業活動が主なものでした。具体的にはお客さまからのお問い合わせに対応するコールセンター、入会や退会など運営の手続きについて検討、準備を進めていきました。

　また、開始したばかりとはいえ、せっかく会員になっていただいたお客さまが、「はぴｅカード」を使うことができるお店が少なくては、生活を楽しんでいただく、そのコンセプトが台無しになりかねません。ですから、この活動は忙しい合間をぬって全員が分担し、急ピッチで準備作業を進めました。（その結果、現在では、約８００件もの加盟店を獲得することができました。）

　こうして、２００５年6月、会員募集を開始し、翌7月いよいよポイントクラブのサービスをスタートすることになりました。

3・マーケティングサイクルから見た「はぴeポイントクラブ」

マーケティング・マネジメントプロセスと「はぴeポイント」

ここで改めて、「はぴeポイントクラブ」のマーケティング的な意味について確認してみたいと思います。

世界的に著名なマーケティング学者であるフィリップ・コトラー教授は、マーケティング・マネジメントのプロセスは、R⇒STP⇒MM（4ps）⇒I⇒Cの5つの主要ステップから構成されていると述べています。この順番に従って、「はぴeポイント」の場合の適用、展開しつつある施策に照らし合わせていきましょう。

R：リサーチ

効果的、効率的なマーケティングは、企業の直面する市場への綿密な調査から始まります。表層的なニーズはもちろん、潜在的な価値感知や欲求をもとらえていく必要があります。「はぴeポイントクラブ」の場合、最初の顧客ニーズ調査（オール電化・非オール電化）でこれを行ない、以降一定期間を置いてフォロー調査を行なっています。

S：セグメンテーション

次に、Rによってわかった、消費者のニーズや購買行動を比較的類似したグループに分け、市場を区

図７　はぴｅポイントクラブのマーケティング・マネジメント・プロセス

R → STP → MM → I → C

R　＝Research：顧客ニーズ調査（オール電化・非オール電化）
STP ＝Segmentation：顧客の層別（家屋形態、家族構成等）
　Targeting：ターゲットは「賢くて豊かな生活を求める層」
　Positioning：ポジショニングは「生活価値の向上・拡張」等
MM ＝Marketing Mix（4Ps）
　Product：電気＋グループ商品による価値提案
　Price：ポイント還元
　Place：商流間の相互協力（クロスセル）
　Promotion：「はぴｅ」で統一されたプロモーションミックス
I & C＝Implementation& Control（実行とコントロール）
　「はぴｅポイントクラブ」の立ち上げと双方向コミュニケーション

出所）コトラー「戦略的マーケティング」（1999）に筆者加筆。

分していきます。例えばオール電化には持ち家・貸し家、一戸建て・集合住宅、既存給湯器の設置年数、電気給湯器の設置スペース、家族構成や電気の使用量といった明示的なセグメンテーション条件がありますが、「はぴｅポイントクラブ」ではグループ戦略商品の要素も加えてもう少し細やかなセグメンテーションを想定しています。

Ｔ：ターゲティング

さらに、企業は、自社の強みを最大限活かすために、どの顧客セグメントに狙いを定めるかという重要な決定をしなければなりません（ターゲティング）。「はぴｅポイントクラブ」の場合には、顧客調査で出て来た「家族の安全や、自分にあう生活のスタイルを確保」、「賢く生活」、「生活に役立つ情報を積極的にとりいれて暮らしを楽しむ」といった「はぴｅポイントクラブ」が提供すべき生活価値（例えば「賢くて豊かな生活を求める層」）と、セグメンテーションの結果出て来た層

（オール電化の既存顧客・潜在顧客であり、光ブロードバンドやホームセキュリティの見込み顧客層になりうる層）の両方からアプローチしてターゲティング客を設定しています。

P：ポジショニング

さらに企業は、ターゲティングしたセグメントの顧客に対して自社の商品、サービスを他社のそれよりも高く評価してもらうため、効果的なポジショニング（サービスやPRの位置取り）を決めなくてはなりません。ここまで述べた「はぴeポイントクラブ」のコンセプトである「生活価値の向上、拡張」、「会員コミュニケーションの充実」、「関西電力グループ一体の価値提案」がそれにあたります。（ポジショニングは本来ライバル他社との差別化の概念なのですが、ここには航空会社のマイレージ、百貨店やTSUTAYAのカード等無限のライバルがいるので、とりあえずその議論はおいておきます。）

MM：マーケティングミックス～4つのP

戦略レベルとしてのS・T・Pが明確化されたら、次に行なわれるべきは、戦術レベルとしてのマーケティングミックス（MM）の策定です。通常ここでは決定されたポジショニングを具体的な活動へと落とし込むために、製品（Product）、価格（Price）、流通チャネル（Place）およびプロモーション（Promotion）といった各手段の効果的、効率的な組み合わせが設定されます。頭文字をとって4Psと呼ばれます。

この4つのPを、まずオール電化について考えるとどうでしょうか。電力会社がオール電化を戦略商品として販売拡大を目指す場合、そこには比較的明確な4つのPが存在しています。製品（Product）で言えば、オール電化の主力商品であるＩＨクッキングヒーターでは、操作性などを格段に向上させるための機器革新がそれにあたりますが、メーカーと電力会社は共同でそれを進めてきました。次に価格（Price）ではオール電化の経済性を追求するため、電力会社各社がオール電化の割引料金を設定し低価格化を実現しました。さらに流通（Place）では、住宅メーカーやデベロッパー、地域の工務店や町の電気店などの組織化を進めて市場の中でオール電化を進めやすくし、広報宣伝やイベント（Promotion）ではオール電化のＣＭや各種イベントの実施、新聞広告や雑誌などの紙媒体、ホームページなどメディアミックスを行なってきました。さらにオール電化住宅需要の高まりに応じて、各メーカーのプロモーションが活発化するという、電力会社にとってはうれしいことも起こってきています。

では次に、「オール電化」から「はぴｅ」という生活価値、ポイントプログラムという仕組みの提供に価値提供が進化した時、その４つのＰはどう変わるのでしょうか。そこでは、よりレベルの高い生活価値を目指したマーケティング革新が必要になります。それができてこそ、電気（オール電化）の時代から、ポスト電気（はぴｅ価値）の時代への進化が可能になり、安心、安全、便利というオール電化のコア価値から一歩踏み出して生活の豊かさや暮らしの満足をもっと高めていく、電力会社の新しい提供価値への道が拓かれることになるのです。

まず商品・サービス（Product）ではオール電化機器革新に加えて、光ブロードバンド、ホームセキュリティサービスをラインアップしており、今後もお客さまのニーズを汲み上げてそれぞれのサービスを革新するとともに、さらに新しい生活サービスの創造を進めたいと考えています。

価格面（Price）は、もちろんポイントカードの目的自体であるポイントの付与の形で、従来のダイレクトな電気料金の割引から、より楽しみ方の増えるポイント制へのシフトを図っています。

商流（Place）については、「はぴeポイント」導入によって今までとはまったく違う動きが出てきています。オール電化住宅を採用いただくための営業活動には従来、関西電力社員による直営営業活動、「はぴeスマイル」店をはじめとする各種の販売店の活動、「はぴeビルダー会」等の地元の工務店の活動という3つがありました。また一方で、グループ事業である、光ブロードバンドやホームセキュリティもそれぞれ独自の顧客ルートを開拓し、販売店網を持ち、営業活動を実践していました。

ところが、経営方針で「電気とグループ事業商品の一体型価値提案」が掲げられていたにもかかわらず、ごく一部のデベロッパー向けルート活動を除けば、3つの商品の営業・PR活動は、各々が独自の方針とルートで展開しており、連携しあうことはありませんでした。「はぴeポイントクラブ」のポイントインセンティブによって、初めて3つの戦略商品を効果的に結びつけることができるようになったのです。そこで、これまでバラバラだった営業活動や商流についても連携強化を図るべきだという考えが自然と生まれ、各社が保有する商流（販売店ネットワークやルート顧客）を共有化し、どのチャネルからでも一体的な価値提案を実施できる体制の構築を目指すことになりました。

具体的には、従来は、オール電化住宅をご採用いただくための営業活動のみであった「はぴeスマイル店」や「はぴeビルダー会」で、これらのお店と当社のグループ事業の営業活動を行なう代理店契約を結び、ポイントクラブを一緒にご説明いただくことで、オール電化だけでなくインターネットやセキュリティサービスの一体的な営業活動を行なうことができるようにしつつあります。このクロスセル（２つの商品・サービスがそれぞれの顧客層・営業活動を形成している場合に、それらを一体化し、相互の市場に顧客を拡大する手法）実践により、ポイントクラブは初めて本来の目的である「生活価値提案」に近づいたとも言えます。

一方で、グループ事業の営業組織も、ポイントクラブを軸に自社の営業活動を行なうことができるようになり、セールストークの幅が広がったとの声があがっています。「はぴｅポイントクラブ」は、この３商品を有機的に結びつける鍵となっており、現場の営業活動に極めて有効な施策となりつつあります。

４つめのＰであるプロモーションでも、「はぴｅポイントクラブ」を核としたプロモーションミックスが展開されています。２００５年12月には、「はぴｅポイントクラブ」の会員や、グループ事業のサービスご利用のお客さまを対象に試写会（１５００組３０００名様をご招待）を実施しました。そこで、開演前の時間を利用して、オール電化のお客さまにはグループ事業のインターネット事業やホームセキュリティ事業のＰＲを、ブロードバンドやセキュリティサービスをご利用いただいている非オール電化のお客さまに対しては、「はぴｅポイントクラブ」（「プレはぴｅ」）のご案内をして電化によるメリット等をご理解いただくＰＲを一体的に実施して、プロモーションの効率性アップをはかる取り組みを行なっています。

また、全てのケイ・オプティコム顧客、全てのＳＯＳ顧客に、「プレはぴｅ」のご案内を送付して、オール電化へのプロモーションを展開したり、ＳＯＳの顧客向け季刊誌「住まいりすと」に、「はぴｅポイ

説明風景

説明風景

会場の様子

プロモーションミックスの試み（会員向け映画試写会）

ント」のパンフレットやオール電化のチラシを同封したりするなどのプロモーションミックスもきめ細かく行なうようなってきています。

I：実行（インプリメンテーション）

C：コントロール

そして最後に、企画・立案されたマーケティング施策は、適切に実行され、結果を見てコントロールされなければなりません。チームでは、決してポイントクラブを「作りっ放し」、「誰かに運営を投げっ放し」にするのではなく、常に新しい生活価値提案を創り出す仕組みとしてこのポイントクラブを活用することを目指しています。「はぴｅポイントクラブ」の発展にともなって、私たちから、あるいは会員からの情報提供を促進させるための双方向コミュニケーション機能を強化させつつあります。

このように、「はぴｅポイントクラブ」の登場は、電力本体によるオール電化、グループ企業による光

図８　コミュニケーションツールの会員誌とホームページ

ブロードバンドやホームセキュリティといった事業群がそれぞれ持っている商流やプロモーション活動を一体化することにより、関西電力グループがターゲットとすべきお客さまの幅を広げ、ポジショニングを優位にすることを可能にしたという大きな効果がありました。

つまり、「はぴeポイントクラブ」は、ポスト「電気」時代の新しいマーケティングミックス（４Ｐ）の活動を顧客ニーズ、購買行動へよりフィットさせるというマーケティング的役割を果たすものなのです。

４・明日への夢と挑戦

ポイントクラブの今後の展開

ここまで「はぴeポイントクラブ」をめぐる私たちのチームの考え方やマーケティング的な位置付け、

実際の実施コンセプトや実現へのハードルについて、少し理論的なことを含めて述べましたが、改めて振り返ってみて、さまざまな困難や反対を乗り越えて、ここまでやり遂げることができた理由は何だったのだろうと考えてみました。それは、やはり電力会社（私たちの会社）を将来的にこういう会社にしたい、というビジョンや夢があって、そのために何かができるという、そのチャンスがめぐってきた、その時期にその仕事をやり遂げたい、というプロジェクトメンバーの強い思いだったのではないかと思います。

そしてその仕事が、人々の生活の役に立ち、ひいては世の中や社会のためになると信じることができ、その仕事に携わることができたのはとても幸せだと思っています。

仕事にはタイミングというものがあるように思います。「はぴeポイントクラブ」のプロジェクトも、もし今から15年前に立ち上げようとしても、エネルギー業界を取りまく情勢や会社の経営環境を見てみると、時期尚早で実現できなかったかもしれませんし、一方で、この時期にスタートさせていなかったら、どこか競合他社が同じようなサービスを始めていて、おそらく、日本で最初にサービスを開始した企業にはなれなかったのではないかと思います。

あの時だったからこそ、そしてそのときはいまだ、と信じたメンバーがいて、そこで苦しみながらも何かを創造できる、そういう局面に立った面白さを感じてやっていくことができたからこそ、このサービスを形にすることができたのだと感じています。

「はぴeポイントクラブ」のプロジェクトは4人の小さなチームからスタートしましたが、現在では、

図９　「はぴ ePITAPA」カード

表　　　裏

電気で貯めたポイントで、電車にも乗れる

各支店や営業所に運営のスタッフがおり、何十人という体制で現場単位での日々の管理、運営の仕事をしています。

「はぴｅポイントクラブ」のサービスを関西電力の新しい取り組みとして軌道にのせることができたのは、やはり、コア事業である電気を毎日、安全に送り届けるという地道な電力供給サービスに従事している、関西電力全体の社員の日々の努力があり、築いてきた信頼に支えられているからなのだという思いを強く持っています。私たちの夢は、この取り組みを通して、人々の生活や社会を豊かにしていくことです。現代の社会では、モノや情報に溢れていて、衣食住の心配はないかもしれませんが、だからこそ、人々は自分自身の感性や、気持ち、環境や健康にとても心を配って、自分自身や社会の、心が豊かで文化的であることを重要視しているのではないでしょうか。

取り組みはまだまだ道半ばです。これからも関西電力がプロデュースする、顧客ニーズに沿った、生活をもっと楽しく、豊かにし、役に立つサービスやコンテンツをどんどん増やしていきたいと考えています。インターネットやホームセキュリティに加えて、健康や医療、食、趣味などのいろんな分野で、そのジャンルのプロたちとのアライアンスを進めて、新しい可能性を追求し、どんどん会員向けサービスを充実させていきたいと思います。

また、「はぴｅポイントクラブ」を活用したマーケティングのサイクルを進化させていくこともこれからの目標です。会員組織を活用して、より双方向コミュニケーションを深めて、ユーザーボイスを常にライブで収集するインターフェイスとし、それをさらなる新商品やサービスの開発につなげていきます。関西電力とお客さまの絆を強いものし、ポイントクラブを私たちの企業経営上の大きな財産にしていきたいと考えています。

立ち止まることなく、つねに驚きを創り出しつづけ、お客さまとの関係をより深いものにしていくこと。これからの私たちにとっての大きな挑戦です。

第6章　いざ！PR・マーケティング革新へ―電力会社営業ウーマンの「プロジェクトX」
《第2部》「電気」「オール電化」を越えて【関西電力編】

秋田　由美子（あきた　ゆみこ）
関西電力株式会社
お客さま本部　営業計画グループ

東京都出身。1999年、関西電力株式会社入社。本店営業部門で電力自由化に伴う制度改定に参画の後、2005年からはBtoCを中心とした顧客価値向上・マーケティング革新の中核メンバーとして活躍。2007年9月より、University Of Pennsylvania Wharton SchoolへMBA留学中。

モットーとしては、従来の電力事業の既存の枠にとらわれず、常にチャレンジし続けることです。

第7章
結局、電力・ガス販売ってどうなんですか？
——それなりにホンネ!?の執筆者対談

（写真右から）
四ツ柳尚子
早川美穂
本間理恵子
小髙尚子
望月明美
（敬称略）

ここまで、7人の女性の視点から、販売・マーケティング戦略の秘訣を紹介してきた。これは!と飛びつきたくなる発想、なるほどと納得させられる手法など、いろいろな発見あったかと思う。

本書を締めくくるのは、5人の執筆者が参加しての座談会だ。柔らかな会話の中に、ちらりちらりと苦言やホンネが垣間見えるのが面白い。最後には、電力・ガス会社への熱いメッセージも…。さて、「マッチ売りの少女」のマッチが売れる方法、あなたには分かっただろうか?

本間　最初にということで、私から始めさせていただきます。本日の司会を担当する本間と申します。博報堂という広告会社で働いていましたが、３年ほど前にやめました。現在はフリーの立場で仕事をしています。よろしくお願いいたします。

四ツ柳　東京電力の四ツ柳と申します。２００４年にスタートしたオール電化のプロモーション「Switch!」を担当しています。今回は、この「Switch!」プロモーションの歩みを題材に寄稿させていただきました。女性だけで座談会をするのも初めてですし、写真を撮られる側も不慣れなものですから緊張していますが、よろしくお願い申し上げます。

早川　東京ガスの早川です。都市生活研究所という部署に長く携わっています。お客さまが何を望んでいるのかとか、お客さまの健康にとって何が良いのかを知るために、実験したり調査をしたりしています。

望月　ジャルダンという銀座のクラブをやっている望月と申します。なぜここに呼ばれたのか、よくわからないし、ふだんお客さまでいらっしゃる皆様と何を話したら良いのかもわかりません。座談会も初めてなんですが、よろしくお願いします。

小髙　広告会社で営業をやっている小髙と申します。１年半ほど前からアメリカのＩＴメーカーの担当になり、朝から晩までこき使われています。以前は化粧品メーカーなども担当していました。本日は、よろしくお願いいたします。

●買物に対する男と女の意識格差

本間　このような方々が一堂に会してお話をすること自体、非常に珍しいことで、男の人だったらあり得ないメンバーだと思います。本日は、皆さんが本にお書きになったこと、主張したいことを中心に話を聞いていきたいと思うんですが、ふだんの皆さんの生活というか、お買い物心理みたいなものが、そもそもいまのエネルギーを売るおじさん方にわかってもらえてないという気がしているので、生々しい情報もお話しいただければと思います。

私がこの本に書かせていただいたのは、買い物の話と、主婦について調べたセグメンテーションを書いてるんですけど、男性と女性の買い物の仕方は違うという事象を男性にわかってもらうための方策として考えたものです。女性の買い物って衝動的だったりするし、イメージで買っちゃったりすることもあるし、ピンときただけで高価なものを買えてしまう。そういうことって男の人の頭の中では単に衝動買いイコール悪いことみたいな、衝動買い自体が失敗なんじゃないかと思っているところがある。でも衝動買いってそんなに悪いことじゃなくて、そういう女の人の物選びの気持ちに、男の人も気がついてよ、ということも書きました。

Honma

最近、主婦の買い物心について調査をしまして、20代から40代の主婦に「買い物ってあなたにとって何ですか？」と質問した時に、ほとんどの人は同じ答えをしました。なんて答えたと思いますか。

小髙　エンターテインメントですか？

本間　それは広告会社っぽいね。

四ツ柳　「楽しみ」でしょうか？

早川　ストレス解消。

本間　ピンポーンです。女の人の大体が、ストレス発散とかストレス解消のために買い物をしていると答えました。女の人って買い物と人生、日常とがすごく近い関係にあって、ちょっと買い物をしただけでうれしくなったり、ちょっと悲しいことがあったら買い物で解消したり、買い物と近い生き物なんだなって私は再確認したんですが、皆さんの買い物体験はどうですか？

四ツ柳　実は、作日も買い物をしていました。やっぱり楽しいですよね（笑）。仕事が忙しくて残業が増えると、それに比例して買い物をする額も増える傾向にあって、収入が増えても貯金は一向に増えなくて…。女性の同僚を見ていると、多かれ少なかれそんなところがあるので、「ストレス解消」と聞くと、なるほどなぁと思います。ただ私の場合は、ストレス解消というよりは、明確に楽しみですね。洋服に限らずインテリア、文房具、食器、食品等など、いろいろな商品を幅広く見るのが好きです。買うのが目的ではなくて、まさに見るのが目的。結局、何も買わないことも多いですね。また逆に、買おうと思っていなかったものでも「あっ、これ」と思ったものに出会った場合は迷わず買います。衝動買いに近いのかしれませんが、そういう時ほど成功で、愛用の品になります。悩んで考えたあげく買うものは、実はあまり気に入ってない。直感の方が正直な自分が出ているのかなと思います。

私の原稿は、いま話題にしている消費者行動を題材にした内容ではないんです。そういう意味では、テーマから離れているのかもしれません。私がテーマにしたのは、先ほど紹介させていただいた「Switch!」ですが、この「Switch!」との

Yotsuyanagi

出会いは、ある意味「直感的にこれだ！」と感じた例の一つですね。2003年の秋、原子力不祥事に伴う電力供給危機を幸いにも回避して、ようやく少しずつでもオール電化をPRしていこうという機運になった時に出会ったのが、この「Switch!」。電気を想起するスイッチという言葉とロゴのデザインにみんな心酔したわけです。

「オール電化をどうPRしたら消費者に選んでいただけるのか」が、プロモーション担当の最大のテーマですが、オール電化の良さは日々の生活の中で実感するものなので「オール電化のメリットはこれです」と目の前に示せるものではないんですね。形のないもの、目に見えないものをどう伝えるか、住宅という一生に1回の大きな買い物で、歴史の浅い新しい商品、自分たちが使ったことのない商品をどうしたら選択してもらえるのか。最も難しくて悩ましいところです。女性は理屈よりも感覚で判断する傾

向にあるので、設備機器の性能や機能を説明してもなかなか振り向いてもらえない。オール電化、特にエコキュートは、極めて機械的なのでプロモーションの手法を暗中模索しています。

早川　私は逆のイメージがありますね。ＩＨクッキングヒーターは掃除がしやすいし、きれいですよね。見るだけで良さが伝わってくるし、理屈もすごくわかりやすいから、男性にも女性にもアピールしやすい。ガス調理器はどうかというと、自信があるものがいっぱいあるんだけど、それがうまく表現できない、そこをどう伝えたら良いのかが私どもの課題です。オール電化のＰＲが難しいとしたら、ガスはもっともっと難しいと思いますね。

今回、私はＬＯＨＡＳという題をいただきました。ＬＯＨＡＳとは「健康と地球の持続可能性を大切にするライフスタイル」という意味で、最近日本でもよく使われている言葉です。私共が１９９０年から続けている定点調査の結果を見ても、このＬＯＨＡＳを構成する「健康」や「環境配慮」への関心は高まり続けています。ところが、具体的な行動レベルまで調べると、エアコンの温度を弱めに設定するという程度は皆さんやっているけど、真夏にエアコンを使わないという人はほとんどいない。また、気軽に使える健康食品は人気ですが、日頃から栄養に気を配る人は、むしろ減少しているぐらいなんですね。面倒くさいことはやらない。

Hayakawa

健康と環境は似たところがあって、何かやっても、どれだけ効果があったかわかりづらいじゃないですか。効果が見えないと、人ってそんなに苦労できないものです。快適さや楽しさ、効果などを実感できない限り、大きな努力もできません。その結果、買ってきたお総菜やインスタント食品ばかりを食べている家庭も多くなってきています。

それでも、子どもの味覚を育てたいかとか、五感を育てたいかと聞くと、ほとんどの人が育てたいと言うんですね。気持ちはあるんだけど、それができない。それなりに楽をしつつも、健康や環境に良い暮らしをどうやったら実現できるのか。エネルギー会社は、単に機器を売るだけじゃなくて、エネルギーの使いこなし方を合わせて、情報として伝えていくことが求められています。

Motizuki

望月　私は主婦業を全くしていないので、お料理もできないし、ガスと電気の違いもわからないんですけど、買い物はあまり考えないで、パッパと買うことが多いですね。普通の女性のような買い物の仕方ではなくて、男性的かなと思います。長く考えないで買ってしまいます。

ストレス解消というお話がありましたけど、子どものころからそうみたいですね。うちは私の娘といとこの娘と一緒に暮らしていて、いずれも小学生なんですけど、ストレス解消で買い物をしたがりますね。お小遣いをちょうだい、ちょうだいと言っては、くだらないものを買ってきて、投げとばす。

放っておけば放っておくほど、そっちに走るような傾向があって、子どものころから、ストレス解消というのは買い物になるのかなと思いました。

　いまの話ですと、女性は衝動買いをする、男性は衝動買いをしないというイメージだったんですけど、当店にいらっしゃるお客さまたちは、その時の気分によって使われる金額が違ってきます。今日はボトルも入れまいと思っていたんだけど、良い気分になってシャンパンをあけちゃったとか、そういう方たちはいらっしゃいますね。

小高　男性は合理的に買い物をしているかというと、実はそうでもないんじゃないかと思います。一般的に男性は自分が買ったものを合理的に説明したがりますが、よく見ていくとそんなに合理的でもないようです。私はＩＴ機器の担当なんですが、機能や性能が明解な製品でも、意外と合理的に買われないものなんですよ。世の中、そんなオタッキーな方ばかりではないので、ネットでいろいろ情報を調べたりするんですけど、結局は判断がつかないんです。で、何が起きるかというと、家電量販店なんかに行った時に、対応したのがお店の人なのか、それともメーカーから派遣されている人なのかで、最終的にお客さまが買うものが変わってしまうわけです。

　エネルギーにしてもＩＴ機器にしても、それぞれ特徴があって、一長一短があります。それぞれの製品の本質的な価値

Odaka

が大事だというのは当然ですが、それと同じくらい価値をわかりやすく表現して伝えることは大事ですね。お客さまとのコミュニケーションというか、お客さまに製品の価値や使いこなし方をどうお伝えするかで、最終的に何が買われていくかが変わっていく。そんな実感があります。

望月さんがおっしゃった、お客さまが最後はシャンパンまであけちゃったというのも、その間のホステスさんとのやりとりによって変わったんじゃないかなと思います。女性は自分が買ったものに関して、「いいよ、私が気に入ったんだから」という感じで見せるから、合理的じゃない衝動買いのように見えるんですけど、男性だってそんなに合理的じゃない。マーケティングで付加価値を生み出すには、何をどう伝えていくかが一番大事なことかもしれません。ＩＴ機器も、皆さん勢いとかフィーリングで買っちゃうくらいですから。

●お客さまとのコミュニケーションについて

本間　お客さまはガスが良いとか電気が良いとか、そういうことで物を買ってるんじゃなくて、だれかから説明された事柄が良いとか、人と人とのコミュニケーションのありようで、買うものも変わっちゃうし、ファンになったり、ならなかったりするんですね。エネルギーという目に見えないものを売るに当たっては、器具の良さばかり機能とか何とかいって説明するのではなくて、エネルギーによってどういう暮らしが描けるのかということを伝えていく人たちが重要ではないかと思いました。

人のパワーとか、人と人とのコミュニケーションのあり方について、東京電力さんではSwitch! キャ

Honma

ンペーンをするに当たって考えたことは何かありますか？　コミュニケーションは大事だなと思われた実感でも良いですし、そうじゃないというご意見でも良いのですが。

四ツ柳　オール電化をお奨めする最大の好機は、家を建てる時です。その時、消費者の関心は、家のデザインや構造に寄せられるのが一般的です。それなのに、リクルート社の住宅建築に関する動向調査のデータなどを見てみると、この10数年間変わらない傾向がある。「家を建てる時に依頼先を決めた理由は何ですか？」という質問に対して、皆さんなんと答えていると思いますか？

本間　営業マンが良かったからかな。

四ツ柳　そうなんですよ。営業マンの良し悪しと依頼先の施工技術の良し悪しは、基本的には関係ないんですけど、営業マンの感じが良くて親身に話を聞いてくれたからという理由で、3000万、4000万もの家を買う決定を消費者がしているわけです。それはここ数年の話ではなくて、連綿と断トツの第1位なんです。それを見た時に、やっぱり最後は人なんだなぁと思いました。プロモーションで空中戦を繰り広げても、最後の最後は人なんだと。

とはいえ、東京電力エリア内のお客さま一人ひとりに営業スタッフが「こんにちは」と接触できるほどのマンパワーはありません。そのため、まずは興味のある人にPR施設やイベントに来てもらいましょうという姿勢で臨んでいます。いまは「オール電化体験フェア」と題して、IHクッキングヒーターなどの体験会を各地で開催しています。IHクッキングヒーターもエコキュートも新しい商品なので、見たことも触ったこともない消費者がほとんどです。CMや雑誌、営業スタッフの口頭説明ではなかなか伝わらないことを体験という「face to face」「touch & try」のコミュニケーションを通じて伝える努力をしています。

Yotsuyanagi

本間　そのイベントでも、すぐ売れる営業マンと、そうじゃない人もいるんですか?

四ツ柳　やはり差はありますすね。お客さまのペースではなく、自分のペースで営業トークをしてしまうとコミュニケーションは成立しません。

本間　東京ガスが考える、人の力ってどうでしょうか。

早川　ガスの良さこそ体験してもらわないとわからない部分が多いんです。床暖房も、ミストサウナも心地良さは体験してみなければわからないですよね。電気とガスの違いはなおさらです。コンロも、ガスコンロならではのおいしさがあるのに、それを体感してもらうチャンスが、なかなかありません。食べてもらうイベントもやっているんですけど、東京電力さんのイベントの数には追いつけない。地道にできる範囲でやるしかないと考えています。

Hayakawa

でも、それ以前に、売る側がその商品を心底良いと思っていなければだめですよね。東京電力さんは社員の方が自宅をオール電化にすることを推奨していると聞いたことがあるんですけど、私どもの社員でミストサウナや最新型のコンロを使っている者は、まだ多くはないと思います。私どもの研究所では、設備の効能や使用者の声を分析して、社内にも伝えていますが、本当はそのような分析データよりも、社員自身がその商品のファンになったほうがずっと、営業力は高まると思っています。

本間　望月さん、コミュニケーションの極意は何ですか？

望月　うちのお店は素人さんをジャルダン風に教育して使う方式なんですけど、ホステスを嫌だ嫌だと思っているうちは、まず売れません。「ホステスってかっこ良い仕事なのよ」といって洗脳して、「少し社会勉強をして、4、5年したら嫁に行きなさいよ、今は社会勉強するのよ」って、本当はうそかもしれないんですけど、そういう洗脳をして、まず夢中にならせる。それが第一です。

営業マンによって違うという話がありましたが、ホステスによってもずいぶん違いますね。いろんな子が来た時に、その子の頭のレベルによって売れるか売れないかは大体わかってしまう。頭のレベルが同じなら顔がきれいな方が良いですけど、そうでない限りは頭のレベルによって違います。一番売れないホステスは反応が鈍い子です。何を言っても反応しない。「お前ブスだな」と言われても「はい、はい」。反応が良いのが営業マンとしての基本で、あとは洗脳ができるかどうかですね。「ホステスという仕事は親に恥ずかしいからできないわ」とか「彼氏にばれたら大変」と言っているうちは売れない。良い仕事だと思わせるために、ホステスを洗脳する仕組みがいるわけです。

Motizuki

四ツ柳　経験者だと、なぜだめなんですか？

望月　だめではないんですけど、他のお店で変な癖がついている人は、お客さまをばかにしたようなところがあるとか、うちのお店にはエッチな会話なんかいらないんですけど、そんな会話をしてしまうとか。純粋培養をやった方が良いと考えています。

●問われるコミュニケーション能力

小高　私が携わっている仕事でも、人によっていろいろなレベルがあって、最初からものすごく戦力になる人と、そうじゃない人がいます。なかなか戦力になれない人は、教育とか洗脳をすることで戦力になっていくのか、それとも、もともと営業マンの資質というので決まっちゃうのか。そのあたりはどうなんですか？

望月　このへんまでは行くだろうなというのはあるんですけど、なかなか大化けはしないですね。

早川　最初で大体わかるんですか？

望月　ホステスは新人がどんどん入ってきますけど、お店としてはお客さまとのお付き合いの方が長いわけです。リトマス試験紙のお客さまが何人かいるので、そこにつけるのが一番早いんですね。引っかかってくれれば合格で、これでも引っかからないのはだめだという見方はします。

本間　プロシューマー的なお客さまがいらっしゃるんですね。

望月　そういうお得意先に判断していただくのが、一番確実のような気がします。教育によってそんなには変わっていきません。いくらやってもだめな時はだめです。

四ツ柳　本人は一生懸命やっても、やっぱり上手くいかない子はいるんですね。

望月　本人が一生懸命やっていると言っても、だめだった子はいっぱいいます。

小髙　会社として見た場合、もちろん個人の営業力はとても大きいですが、ほかにも広告やPRやイベントなど、個人の力を補完できるようなコミュニケーションの手段はあります。ガスで作ったお料理を食べていただくとか、エコキュートを体験していただくとか、実際に体へ働きかける部分もあれば、営業マンとのやり取りのような感情とか心に訴えるレベルもあるでしょうし、そのほかにもエネルギーの使いこなし方について教える知的な部分もありますよね。

例えばＬＯＨＡＳなどの取り組みは典型的だと思いますが、自分が社会に役立つことが何かできている気持ち、ちょっと精神的に高いところにいる自分という感覚が今の世の中ではとても大事です。企業

Odaka

の社会貢献とか社会的責任というのは、いろんなレベルでお客さまと会社、あるいはお客さまと商品との間に、コミュニケーションの回路を何重にも開ける可能性を持っているので、ますます無視できなくなってきています。

本間　お客さまに物を売るだけが企業の役割じゃなくて、企業とお客さまが共に社会のために働いているような絆みたいなものをハグにするということですか？

小高　選んでもらう理由はひとつだけじゃないと思うんですよ。例えば家を買う決断をする時に「営業マンが良かった」がトップというのは、揺るがしがたい事実ですけど、それ以外のいろんな要素があります。ただ、それが調査結果にはあからさまに出てきていないだけだったりする。「こういう考えで社会貢献をしているから」とか「あのタレントさんが広告に出ているから」とか、お客さまに選んでいただく理由はたくさんあったほうが良いですよね。

会社の先輩が前に言っていましたが、「強いブランドは誘惑するんだよ」と。自分から買ってくださ い、買ってくださいというんじゃなくて、ちょっと思わせぶりで、向こうから寄ってくるような誘惑する力を持っている。そういう魅力をどういうふうにつくっていくのか。実際に現場に立っている人間個人もそうですし、会社も商品も、いろいろな形で魅力をつくってそれを伝えていくことができるんじゃないかと思いました。

●顧客の心をどうつかむか

本間　お客さまをファンにするための施策やシステムというのは、ジャルダンさんではお持ちなんでしょうか？

望月　下手な鉄砲という言葉どおり、売っているものは実体がないですから、下手な鉄砲でやるしかありません。一番よくやっているのは写真つきの手紙をバラバラ播くこと、あとはホステスからお礼のメールと御機嫌伺いメールを必ず出しています。難しいのは、新しいお客さまですかね。とにかく、おいしそうなお客さまは必ずチェックしておきます。良いお客さまには、そんな匂いがある。

本間　良いお客さんが、さらに良いお客さんを連れてくることは多いんですか？

Hayakawa

望月　多いです。良いお客さまは良いお客さまにつながっていきます。お客さま同士が店の中をグルッと回って、「おう、ここで飲んでいたのか」とやり始めると、これは本当にグーだなという感じがします。

早川　お客さまの視点に立った情報提供をきちんと行なうことも、顧客の心をつかむ近道だと思います。例えばエネルギーをどう使えば幸せになれるのかという情報発信ができればいいなと思っています。

健康に良いお風呂の入り方や、食生活の楽しみ方、家事をラクにする方法など、とにかく、エネルギーを使って幸せになれるためのネタを探して、情報発信を続けていけば、そこに響いてくるお客さまがファンになってくださると思っています。

私共の情報提供がきっかけで、お客さまがご自身のライフスタイルのあり方や価値意識を再認識すれば、設備選択も失敗しにくくなるかもしれません。

その結果、オール電化が良い人ももちろんあると思う。そういう方に無理やりガスをお勧めするつもりはありません。エネルギーはベストミックスであるべきですから、あるお客さまに最適な設備がたまたま全て電気のものであったなら、結果的にオール電化になるわけです。エネルギーの種類にかかわらず、その方にとって最良の使い方をしていただけるように情報発信をしていきたいですね。

本間　電気はどうでしょうか。

四ツ柳　東京電力には「くらしのラボ」という組織があります。そこでは、主要メーカーのＩＨクッキングヒーター、冷蔵庫、掃除機、洗濯機などのコンサルティングサービスを提供しています。例えば、どの掃除機を買おうか悩んでいるお客さまがいるとします。「我が家は猫を飼っているので、猫の毛が取れる吸引力の強い掃除機が良い」とか、逆に「全部フローリングの家だから吸引力よりも音が静かな掃除機が良い」とか、ライフスタイルによって最適な掃除機は異なるわけです。それに応じて一番良い機器を選んで、Ａさんにはこのタイプがお奨めですよという情報提供をしています。こうした取り組みを通じて「東京電力って親切な会社ね」とか、「公益企業らしく、公平中立にその人の視点に立ってサービ

Yotsuyanagi

スを提供してくれる会社ね」ということになって、1人でもファンが多くなってくれれば良いなぁというのがあります。

もうひとつ、最近始めているのは「Switch! the design project」です。日本の家電は、ユニバーサルデザインとか、大量生産の必要性から、良くも悪しくも無難なデザインになりがちです。また、機能の数で差別化を図る傾向があるので、あまり使わない機能がたくさん付いていて、結果として訳がわからなくなってしまったりとか…。ややもすると、消費者の気持ちが置き去りになっている面もある。そこで始めたのがこのプロジェクトです。「本当はもっとデザインの良い家電が欲しい」とか、「最低限必要な機能が付いていれば十分。シンプルなのが好き」とか、こうしたユーザーの声を拾い上げて、それをメーカーさんに伝え、ニーズに応えた商品を世の中に出してみたいなぁと。これまでにコンパクトＩＨ、デザインエコキュートなどを商品化しました。

東京電力は東京ガスさんと違って設備機器を製造していません。ＩＨもエコキュートもつくっていない。家電は世界に冠たる家電メーカーさんがいるので、つくる必要もない。でも、黙々と電気を届けているだけでは電力会社の存在を意識してもらえない…。それではあまりにも寂しいので消費者との接点の部分に少しでもかかわって「これは東京電力がプロデュースした商品だ」とか、「これは東京電力のホームページでみつけた商品だ」という、視覚的にも行動的にも消費者との接点（媒体、チャネル）を持ちたいという思いがあって取り組みを始めた経緯があります。

本間　東京ガスさんの場合はプラスｄｏというコンロをつくられましたけど、あの発想はどこから出てきたんでしょうか？

早川　最近のガスコンロはＩＨに似たイメージのデザインが主流だったんですね。でも、ＩＨと比べたガスの魅力は何かというと、いままで馴染んできた親しみやすさや直火ならではの美味しさとパワー、直感的に操作しやすいことなどです。その魅力をもっと活かした商品が必要だと感じたわけです。ガスならではの超強力バーナーや、ダッチオーブンが入れられるグリル、親しみやすくて飽きがこないデザインなど、料理がもっと美味しく楽しくなるコンロをつくりました。

私どももメーカーではないので、実は商品はつくっていませんけど、ブランドを持っている部分は大事にしなくてはいけないと思っています。実際のモノづくりはメーカーさんが行ないますが、私どものブランドで売る限りは、自信をもってお客さまが喜んでくださる商品にしたい。これからもメーカーさんと協力し合って新しい商品を企画していきたいです。

四ツ柳　プラスｄｏの販売エリアは、関東だけなのですか？

早川　いいえ、メーカーブランドとして全国展開をしています。

本間　ダッチオーブンというのは象徴的でわかりやすいですよね。

早川　もともとコンロの主流はガスだったじゃないですか。そこにＩＨが出てきた。ガスは従来の古いものでオール電化は新しい世界だと皆さん感じている。付加価値のあるのはオール電化、お金を払いたくない人はガスみたいな位置づけができてしまったので、付加価値の高いガスコンロもあるんだということを伝えるには、新商品を出さないときっかけがつかめないんですね。物で見せないと価値ってわかりづらいですしね。

四ツ柳　これまでピピッとコンロも「お掃除が簡単です」とＰＲなさっていましたが、五徳はあるし部品も多いので、ちょっと苦しいのではないかと思って見ていました。今回、それを切りかえてダッチオーブンを出された時に「あっ、これこれ」と感じました。立場を超えて正直に申し上げれば、こちらが正解かと。

早川　いくらお掃除をしやすくしたと言っても、ＩＨには勝っていないと思うんですね。若い主婦には、料理の味よりも清掃性ばかりを重視する人もいますが、そうじゃない人もいるので、その人まで失ってはいけない。

当初コンロはガスの方がおいしいというのはみんなわかってくれているだろうと、甘く考えていた部分がありました。だから清掃性さえ近づければ、おいしさがこんなに違うんだから、選んでくれるだろうと。しかし、そう簡単ではなかったわけです。

小髙　消費者は決して無視できない存在なんですけど、その商品についてものすごくよくご存じかというと、実際はそうではありません。だから製品のプロに「ガスよりも電気の方がおいしくできるんですよ」と言われたら、「あっ、そうなんだ」なんてあっさり説得されることがあるので、良さというのは丁寧に伝えていかなくてはいけないと思います。

商品開発をする時に「顧客満足」の視点は確かに大事です。でも、企業が実施する顧客満足度調査は企業の自己満足度を測る調査になってしまいやすい。お客さまはいろんなことを我慢してるけど、技術的に何が可能とか可能じゃないかがわからないから、仕方なく現状を受け入れているケースがあります。それなのに、これが「不満」として調査結果に現れる可能性は低いです。仕方がない、我慢するしかないと思い込んでいるので、不満であるとも考えていないんですね。自分が我慢していることについて大きな声で主張するお客さまは、思い入れが相当強い方です。そうじゃなくて、普通の人が何となく心の中で不便だなと思っていることに、どれだけ気づいて変えていけるかが大事なんだなと思います。

早川 新しいニーズを探すというか、不満の中から探すことも難しいんですよね。「何か不満はないですか？」と聞いても、なかなか出てこないし。

本間 気がついてない不満だってたくさんあるわけですよね。

早川 エネルギーも潜在ニーズに目を向けて新たな価値を創っていかなければいけないと思いますね。ただし、潜在ニーズを探るのは難しいですから、異文化圏の生活からヒントを探したり、最近は、感度の高いお客さまと話す機会を増やすことを試みています。不満に敏感な人じゃないと、良いことを言ってくださらないですから。

小高 いろんな視点を持てるというのは、新しい発想を生み出す時に不可欠です。自分と似たような環境の中にいると、みんなと同じような発想の枠組の中で、ちょっとした違いを競うだけになってしまう

Odaka

危険があります。私たちからすると当たり前のことが、違う分野の人から見ると「何でそれが当たり前なの？」という疑問につながって、新しい発見に結びつくことがあります。常にいろんな視点を取り入れる仕組みを持っていることが必要ですよね。

自分の毎日の仕事のことで言うと、自分のクライアントのことを考える時に、どっぷりクライアントの立場に立ってしまうと、制約もよくわかっているだけに、あれもできない、これもできないという段階から始まってしまいます。でも、それではだめですね。制約を取り払って考えることができないのであれば、何か別の仕組みを考えるべきなのかもしれません。

●目指したいのはドキドキ&ワクワク感

本間　最近、私がやった調査で、主婦の買い物心理調査というのがあるんですけど、5つぐらいの指標を出して、女の人がどういう買い方をしたいかを調べた時に、1番多かったのがレベル合わせの買い方なんですよ。例えば、どこかに引っ越しをした時、前に暮らしていたところと環境が違ってママさんたちの格好がちょっときれいだったとか、そういうのに合わせるために、いつもは買わないブランドを買ったりする。その逆で、自分だけがちょっと良いものを持っている環境になっちゃった時は違う洋服に

Honma

合わせるとか、車も合わせるとか、主婦レベルで周囲の環境に合わせていくのが、女性の中で1位を占めている買い方だったんです。

本当は、もっとこだわりがあってというのを期待してたんですけど、自分のポリシーを貫いて買っている人は少なかったんですよ。1番多かったのがレベル合わせ、2番目が衝動買いとか直感買いと言われている類いのものなんです。女性の買い方がその辺りで占められているとすれば、小高さんがおっしゃっていたみたいに、企業がやらなくてはいけないことが多くて、お客さまの満足に合わせるんじゃなくて、お客さまをリードする視点で開拓する余地があるんじゃないかと思います。

私はみんなと同じ買い方が嫌だから、買い物体験とか、ダッチオーブンじゃないけど、こういうのもあるんだなと発見させてくれるような買い方とか、暮らし方というのを提案してくれたほうがファンになるんじゃないかな。お客さまが想定している以上のことをやってあげられる力というのは、大きいんじゃないかと思うんですけど、どうでしょうか。

小高　洋服屋さんに行った時に、「これは大変人気商品でいま1番売れていますよ」なんて言われて、それを買うタイプと、じゃあいらないと思うタイプがいます。レベル合わせで買っている方が多いということは、1番売れているものを買う人が多いんですけど、「私はこれいらないわ」と言って、別のものを買った人たちが次のトレンドをつくっていくと思うんですね。最終的には常に驚かすような、お客さまが思いもしてなかった、商品とか商品の使い方、ひいては新しいライフスタイルみたいなものが提案できたらいいですよね。

例えば左ききのお客さまがいらした時に、お箸を普通と逆に置いてみたら、「あっ、便利だ」と思ったりするかもしれない。箱の中に瓶が入っていて、ふたをあけると中ぶたがあって、取り出しやすいように指を入れる穴がありますけど、あれってものすごく便利じゃないですか。海外では見たことないんですね。ほんのちょっと穴をあけるだけで、「おっ、すごいぞ」という、感じになります。ドラスティックに変えていくような提案もあるでしょうが、ちょっとしたアイデアもあると思っています。

本間　望月さんは、いかがですか？

望月　私たちの仕事は、お客さまのしゃべるとおりには絶対にできません。皆さんこうしたい、ああしたいと勝手なことをおっしゃいますので、いちいち全部付き合っていることはできませんし、お客さまにしてみても、本当は新鮮な驚きとか意外性とか、そういうのを求められているような気がします。何のためにお金を使いにくるかというと、ドキドキ感とか、高揚感とか。とにかく飽きさせたらだめなんです。できるだけ通ってきていただくためには、また何か違うことがあるだろうと思わせて飽きさせないことが大事です。いかに男性の心理は浮気者かということですね。

四ツ柳　常連の方が指名するホステスさんは決まるものなんですか？　それとも毎回違う方を指名する方もいるんですか？

Motizuki

望月　いろんな子としゃべりたいという傾向はあるみたいですね。言ってみれば、奥さんのような決まった担当がいる一方で、他の子ともしゃべりたい。銀座のクラブですから安全なんですけど、安全な中で最高の刺激が欲しい。
早川　メインの担当の方を外して、ほかの方が入られることもあるんですか。
望月　1人の女性とだけしゃべって、喜んでいる人はいません。すぐに飽きてしまうんですね。しかも、それだけで、たくさんのお金を使う人もいないですね。
小高　当社のクライアントさんにも、いつも同じ営業担当、いつも同じプランナーの仕事では飽き足らず、「ちょっと名前が売れているあのクリエーターを連れてきてよ」みたいな、ほかの作業をしているとか、ほかの知見を持っている方を呼びたがる人もいます。ずっといっしょにやっていることによってお互いにとてもよくわかっている関係というのはありつつも、それだけでは物足りないというのは、ほかのビジネスの場面でもあるんじゃないでしょうか。
四ツ柳　男性って同じ店に行く傾向が強いじゃないですか。小料理屋にしても、馴染みの女将さんのところに行く。わりと固定的なんだなぁと。とはいえ、変化も好むということなんですね。
望月　固定した人がいるだけではおもしろくないみたいなんですね。その上で、たくさんの人にもてたいんです。

早川　最近、住まいに何を求めるかを調査したのですが、ぐっすり眠れることとか、疲れがとれることとか、おいしいものを食べてくつろげるとか、そういった安らぎ系のニーズと、もうひとつは、感性が刺激されるとか、趣味を楽しむとか、友人と交流するなどの、ワクワク系のニーズが高かったんです。人間は交感神経と副交感神経のバランスがよくないと調子が悪いので、そこを求めてるんだなと思いました。住宅では、まだまだそういうニーズが満たされてないということですよね。

家で奥さんに安らぎを十分もらっていれば、お店では刺激だけを求めるのかもしれないけど、両方とも満たされてなければ、どちらも外に求めたくなるのでしょうね。住宅でのエネルギー利用でも、両方の価値をバランス良く提供できたら良いのですが、ぐっすり眠れる環境ができているとは言い切れませんし、商品を売る時にワクワクさせているかというと、そうでもない気がしています。

本間　人間は動物的な面があって、そこが満たされないと人間的な活動もできないんでしょうかね。

小髙　やっぱり人間は欲張りだということですよ。おにぎりを両手に持って、ほおばっていたい。

早川　食生活ひとつにしても、ほっとする味も欲しければ、刺激になるものも欲しいわけです。みんなでワイワイ食べたい時もあれば、会話なしに静かに食べたい時もある。そこのバランスがとれていると幸せなんでしょうね。

四ツ柳　いまのエネルギー会社にはワクワク感が欠けていますよね。これからの課題かもしれない。昔、まだ電気がなかったころ、電力会社はベンチャー企業でした。地域にポコポコとできたベンチャー企業で、そのころは電気がつくだけでワクワクしていたことは想像に難くありません。テレビドラマの「北の国から」でも、うちの村にも電気を送って欲しいと電力会社に交渉して、送電日には村の人たちが集まってお祝いするシーンがあったように記憶しています。すごくワクワクして、楽しい様子が伝わってきました。

いまのエネルギー会社には、「何か予想外のことをやってくれるかも」といったような期待は寄せられていないように思います。空気みたいな存在になっていますよね。将来的には、電気自動車などで、新たなワクワク感を醸成できたら良いなぁと勝手に想像したりしています。

早川 マイホーム発電とか燃料電池もそうなんですけど、自宅で発電するのってワクワクするらしいんですね。太陽光発電もそうですよね。

本間 毎日エネルギー使用量をチェックするんですよね。

早川 そういうのはワクワクかもしれないですし、その一方で、ワクワクとは逆のリラックスも大事だと思うんです。例えば高断熱住宅であれば、全館空調も夢ではなくなってきていますが、それが本当に良いのか。適度な温度差があった方が良いかもしれない。人間の体は複雑ですから、顔だけストーブに当たって気持ちの良い場合もありますよね。お風呂の入り方にしても、ぬるま湯につかっている気持ち良さもあれば、ダーッとシャワーを浴びる楽しさもあります。それを解明して情報提供できていければおもしろいなと思います。

小高 エネルギーって目に見えないし、形もないし、あるのが当たり前だし、実感としてよくわからないものですよね。だからこそ、最終的にお客さまのところに電気なりガスが届いた時に、どんな形を与えるのかが鍵になります。感覚的に訴えられるものがベストだと思いますが、いずれにせよ、お題目を唱えているだけでは絶対に伝わりません。ダッチオーブンみたいに、わかりやすい形になったシンボリックな商品を育てていくことが重要だと思います。

ソニーのウォークマンはソニーの会社らしさのすべてを凝縮した商品でした。言葉をたくさん費して説明しなくても、形としてわかりやすく見える商品を持っていることは圧倒的な強みです。

早川　感性の部分というのは説明が難しいから、形に仕上げるのが大変です。先ほどの話にも出てきたオール電化のデザインプロジェクト企画もすばらしいと思いました。デザインの良さは、省エネ性などのように数字で表せないので、説得するのは難しいですよね。

四ツ柳　「デザインの美しいＩＨを開発しています」と様々な媒体でＰＲしたところ、自分たちの商品が世に出る前に他の企業がデザインの良いＩＨを商品化してしまって（笑）。商売という意味ではライバル出現なわけですが、私たちとしては、その動きが嬉しかったですね。もっともっとデザインを大切にする文化になって欲しいと思いますし、そういう部分に少しでも貢献できれば嬉しいです。

小髙　過去にはないものは、データからつくっていこうとしてもできません。ないもののデータは存在しないので、結局は感性的な部分の勝負になります。私は学生時代から社会調査に携わってきたので、データの力を信じている一方で、ないものをつくりだす時の感性の力とか、自分が持っている感覚とか、良いお客さまになる匂いがする嗅覚みたいなものもとても大切だと考えています。感性的な部分を育てなければ、お客さまが予想もしない驚きを与えることなどできないのではないでしょうか。

早川　そのためには、異業種の力を借りることも有効だと思いますね。例えば、お風呂をリビングルーム的に使うライフスタイルを定着させたい場合、東京ガスだけではなくユニットバスメーカーや、入浴剤、照明、タオルなどの業界とも連携して、研究や情報発信を行ないました。そういう情報発信をしていると、さらに輪が広がって文化が高まっていったりします。続けていれば仲間がどんどん集まってくる。私たちはエネルギーを快適に使っていただければ良いので、設備だけじゃないく、全体で物を考えていく必要があります。お湯のことだけ考えていても、生活は豊かになりません。あまり広げすぎても収拾がつかなくなるんですけど、大切なのは、いかに統合的な視野でエネルギー利用を提案できるかですね。

本間　良い感じでまとまったような気がします。本日は、どうもありがとうございました。

（終了）

〈執筆者〉
秋田由美子　(株)関西電力
小高尚子　広告会社
早川美穂　東京ガス(株)都市生活研究所
日野佳恵子　(株)ハー・ストーリィ
本間理恵子　マーケティングプランナー
望月明美　ル・ジャルダン
四ツ柳尚子　(株)東京電力
(五十音順)

マッチ売りの少女に魔法のランプを
エネルギーマーケティングの新発想

二〇〇七年九月一〇日　初版第一刷発行

編　者　エネルギーフォーラム編集部
発行者　酒井捷二
発行所　㈱エネルギーフォーラム
〒104-0061　東京都中央区銀座五-十三-三
電話　〇三-五五六五-三五〇〇
印刷・製本　錦明印刷㈱

ISBN978-4-88555-343-1